南極企鵝北極熊

皇帝企鵝、北極熊和豎琴海豹的生態記錄

極地旅遊系列2

黃莉娜

推薦序（一）

我認識 Lina 黃莉娜源於她的第一本書《環球極光攻略》（香港：天地圖書，2018），讓我了解到越來越多香港人喜愛拍攝極光和天氣現象，而 Lina 更是其中一位佼佼者。可能也是她經常到極地旅行拍攝的緣故，她這第二本書的主題是極地動物：企鵝、北極熊和海豹，讓我們可以深入了解這神秘國度的生態，而且從中也觀察到氣候變化對這些動物已經帶來嚴重影響。

雖然《巴黎協定》生效至今已經超過兩年，然而全球溫室氣體排放仍未有達峰的跡象。近年的溫室氣體排放量及大氣中溫室氣體濃度均不斷創新高。根據聯合國《2018 年排放差距報告》，即使各國能夠實現在巴黎氣候峰會達成的減排承諾，本世紀末全球的升溫幅度可能仍達 3℃。現時全球溫度已經較工業化前水平高約 1℃，其影響已經清楚展現在我們眼前：世界各地更多熱浪；海冰和陸地上的冰川冰蓋持續減少；海平面上升，以及更多極端天氣。

氣候變化的影響並不局限於氣候系統，更已擴散至多個物種及生態系統，某些物種的生存更是直接受到威脅。Lina 在極地的觀察正好向我們展現這個令人擔心的現狀。人類的生存條件有賴大自然提供的生態環境，減緩氣候變化及其對生態系統和生物多樣性的影響已是刻不容緩。

我希望讀者從這本書能夠體會到氣候變化對極地生態所帶來的嚴重影響和明白立即行動應對氣候變化的必要性。

岑智明

2019 年 5 月

（岑智明先生，現任香港天文台台長）

推薦序（二）極地生存之道

你知道嗎？

真正的企鵝（penguin）其實住在北半球，並且早已絕種；

南極因為降雨量極少，因此歸類為極度乾燥的沙漠地帶；

「愛斯基摩人」（Eskimo）意即茹毛飲血的人，帶有種族歧視成份，應該避免使用……

在 Lina 最新出版的這本《極地旅遊系列 2：南極企鵝北極熊》中，不乏這些有趣的見聞。她的國際得獎攝影作品「綠茶卷蛋極光」固然出眾，殊不知她的資料搜集和文字功力也同樣出色。

在本書中，Lina 描寫生命力頑強的三種極地動物，分別是皇帝企鵝、北極熊和豎琴海豹，如何在全球暖化下掙扎求存。

早前在新聞上看到那隻迷途的北極熊，印象尤深，本來應該有三公尺高的北極霸王，落得骨瘦如柴，萎頓不堪。由極地動物的苦況，不期然令我想起 20 多年前的創業情境。那時初創缺乏政策支援，很多企業對於電子化、地理資訊系統（GIS）也一無所知或缺乏興趣，而我像單打獨鬥的北極熊般，不斷碰釘，也求助無門。

面對逆境困厄，我選擇緩慢前進，伺機而行，幸運地可以生存到今天。因此，雖然我不時歌頌「獨角獸」（unicorn，即估值達 10 億美元的初創企業），但其實支撐起整個經濟的，往往是眾多鮮為人知的中小企業。

回心一想，初創和極地動物一樣，要在嚴峻的環境生存，政策的扶持便非常重要——根據《國家地理》報道，企鵝和許多極地動物賴以維生的磷蝦因過份捕撈以致數量越來越少，嚴重影響生態平衡，幸好相關的捕撈產業終於在去年中達成協議，停止拖網捕撈。

希望極地生物會因此一如近年的本地初創般，在適當的政策和社會合力扶持下能夠逐漸回復生機。

鄧淑明

2019 年 5 月

（鄧淑明博士，香港大學建築學院及工程學院計算機科學系客席教授）

自 序

這本書是我的第二部作品，也是我有關極地旅遊系列的第二本書。這系列的第一本書是《環球極光攻略》，已經在去年中由天地圖書出版，內容是分享我到世界各地觀賞極光的經驗和心得，書中大量收錄了我拍攝的極光照片，也有非常豐富實用的極地旅遊資訊，出版後頗受歡迎，一個月便再版了。希望大家同樣喜歡我這本新書。

大家可能會以為我的兩部作品都是關於極地，所以我對極地必定有所偏愛，其實不然。準確一點來說，我只是很喜愛大自然；這可能是因為我每天都在石屎森林裏上班的關係吧。每當公餘時間，我便想多些投入大自然的懷抱，多看看美麗自然景色和呼吸清新空氣。

在過去的遊歷中，我目睹了不少絕美的自然風景，也遇到了不少可愛的野生動物，令我深深地被牠們的美態和動靜所吸引。近年，我更對「極地三小萌」（The Polar Cutest Three）一見鍾情：皇帝企鵝寶寶、北極熊寶寶和豎琴海豹寶寶。這三種動物的小寶寶都是白色的，牠們天真爛漫的萌樣，絕對讓人一見難忘。我終於在去年鼓起勇氣，向嚴寒的南北極地進發，希望能在旅程中，看到牠們的一切，了解牠們的一切和記錄牠們的一切。但誰知道當我越了解，便越發現讓人傷感的事實。我發現縱使牠們在身體結構和生活模式上已進化至無與倫比的程度，但原來

進化根本敵不過暖化，牠們現在和未來所面對的處境，確實讓人擔心、流淚。

我希望透過這本書，可以讓讀者不單感受到觀察自然生態的樂趣，也從中關注我們習慣的日常生活模式對自然環境和野生動植物的影響。我相信人類應該嘗試調節一下自己的日常生活，減低對環境和動植物造成的傷害。

在此鳴謝香港天文台台長岑智明先生和香港大學客席教授鄧淑明博士為這本書撰寫推薦序，天地圖書團隊（特別是林苑鶯小姐）提供協助和 SONY 香港提供攝影器材等，謝謝各位！本書部份圖片來源自 Pixabay，另外陳祖權先生亦授權使用他的北極熊相片，筆者也在此作出特別鳴謝！

希望大家喜歡我這本新書，謝謝大家！

黃莉娜

2019 年 5 月 31 日

前　言

以生態旅遊的角度來看，參加者通常主要是到非洲觀看「動物大遷徙」（Great Migration），看牛羚（角馬）、斑馬等動物每年陣容鼎盛、千軍萬馬般的遷徙活動。另外，也會看看俗稱「五大」（Big Five）的五種野生動物──大象、獅子、獵豹、犀牛和大水牛等。如果提及到嚴寒的極地，觀察皇帝企鵝、北極熊和豎琴海豹的話，相信很多人都會感到既陌生，卻又非常吸引。

筆者認為生態觀察並不單純以看到多少種野生動物為目標，更重要的反而是深入了解相關野生動物，包括其外貌特徵、生活習慣和社群活動等。所以筆者在本書中會全面解說上述三種極地動物的各方面特點，讓讀者可以更詳細和更深入地了解牠們的種種。當中有關牠們的極致進化，相信一定會超越大家的想像，因為我們根本無法用常識來衡量。大自然竟然創造出這三種超越常理的生物，實在讓人嘖嘖稱奇；反過來說，大家對牠們如斯頑強的生命力，也會深感嘆服。

筆者嘗試以過來人的經歷，分享到寒冷極地觀察生態時所需要注意的事項，也會跟大家分析不同旅程的要點，令大家可以選擇適合自己興趣和需要的行程，那麼當未來要籌備極地行程時，便會倍感輕鬆自在。

最後，筆者相信每樣事情也跟我們的生活息息相關，所以會嘗試簡單剖釋我們的一些生活取態對地球環境和生態的影響。希望讀者在讀完這本書後，未來可在生活上採取更環保的態度，以便讓野生動物們在生活上多一些喘息的空間，也多一點生存的機會。

目　錄

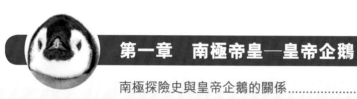

第一章　南極帝皇─皇帝企鵝

第二章　北極霸王──北極熊

第三章　海豹育嬰隊——豎琴海豹

極地三小萌

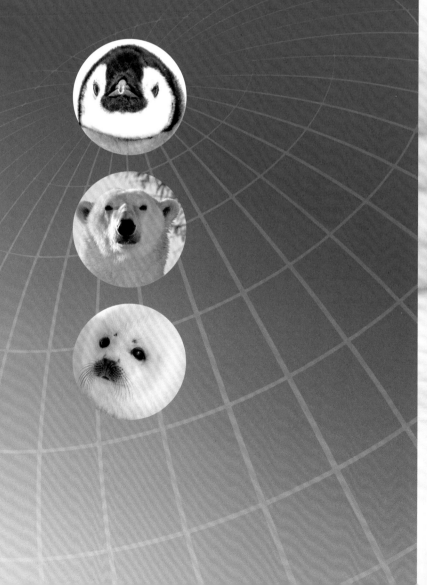

第一章
南極帝皇
——皇帝企鵝

南極探險史與皇帝企鵝的關係

在 19 世紀初，當時還沒有人能成功到達南極點
（South Pole，南緯 90 度），英國著名探險家史葛上
尉（Captain Robert Falcon Scott）便展開了他第二
次的南極探險旅程（新地探險 Terra Nova Expedition,
1910-1913），期望不單能對南極洲進行一些科學研
究，也同時可成為到達南極點的第一人。這次旅程在
南極探險史中非常著名，但並不是因為史葛上尉最
終能順利到達南極點，而是因為它以悲劇告終。這
旅程中的一點一滴被其中一位隊員阿士里（Apsley
George Benet Cherry-Garrard）寫成著名的南極探險
書籍《世上最惡劣的旅程》（*The Worst Journey in
the World*）。

另一方面，在這旅程中，阿士里與另外兩位隊員亨利
寶華（Henry R. Bowers）和標威爾遜（Bill Wilson/
Edward Adrian Wilson）還有一個生物研究的任務，
便是希望可採集到皇帝企鵝還未開始孵化的鳥蛋來進
行研究。

他們想從剖驗這些鳥蛋的過程中，去證實一個在當時
頗為流行的企鵝學說。不過如果以現代人的角度來看，
這個古老的企鵝學說絕對可說是匪夷所思。

相機：α7RIII，鏡頭：SEL100400GM，光圈：F11，快門：1/800 秒，ISO：200
在人類的南極探險史之中，原來皇帝企鵝也擔當了一個角色。

世上最惡劣的旅程

（The Worst Journey in the World）

君子之爭

在史葛上尉前赴南極的同時，另一位挪威的探險家羅爾德·阿蒙森（Roald Engelbregt Gravning Amundsen）原來也正在開展他的南極探險航程。在經過非洲的時候，阿蒙森特別向史葛上尉發出了電報，簡單地指出自己正朝着南極點進發。

這次「南極點第一人」之爭其後成為了各大學工商管理學課程中的經典研究案例，因為這兩位探險家所作的準備截然不同：阿蒙森的隊伍採用雪橇犬作交通工具和以愛斯基摩人的毛皮裝束作禦寒衣着，而史葛上尉則選擇了主要以小馬代步和以羊毛混合毛皮作保暖衣着。

踏足南極點第一人

結果阿蒙森的隊伍在 1911 年 12 月 14 日成功到達南極點，當時他感到自己未必能成功回程，所以在南極點留下了帳篷及一封信。他也留下便條給其後到達的史葛上尉，請求上尉將那封信轉交當時的挪威國王哈康七世（King Haakon VII），以證明阿蒙森是到達南極點的第一人。在 1912 年 1 月 17 日（即阿蒙森成功到達南極點的 34 天後），史葛上尉和他的 4 位隊員終於到達了南極點，但他失望地發現原來自己已來遲一步。

悲劇告終

往後的事情又有誰能料到？阿蒙森終於成功回程，但史葛上尉卻未能全

身而退。支援隊員阿士里在搜索（或拯救）史葛上尉的過程中，找到了史葛上尉和其中兩位隊員的遺體，另外有兩位隊員卻失去蹤影[1]，而當時上尉還攜帶着阿蒙森留在南極點的信件呢。那兩位一起殉難的隊員便是上文提及的亨利寶華和標威爾遜了，雖然他們成功拿到了皇帝企鵝的鳥蛋，也成功到達南極點，但卻最終無法回程，結果長眠南極洲。

為了紀念阿蒙森和史葛上尉兩位探險家在南極點探險史上的英勇事蹟，美國將它在南極點的研究站命名為「阿蒙森—史葛南極研究站」（Amundsen-Scott South Pole Station）。

南極點，南緯 90 度，毗鄰阿蒙森—史葛南極研究站。
（圖片來源：Pixabay）

註 1：根據史葛上尉的隨身日記指出，其實另外還有兩位隊員已於較早時罹難。
　　（1）其中一位名叫埃德加伊雲斯（Edgar Evans），他首先在回程途中倒下，並且落後於隊伍。其他四位隊員在拼命趕到下一個補給點拿取補給後，立即回去追尋落後的他，可惜在尋回他的那天晚上，他終於因過份虛弱而離世。
　　（2）約半個月後，另一位名叫羅倫斯奧茨（Lawrence Oates）的隊員也倒下，其他三位隊員再不想遺下隊友了，所以縱使回程進度嚴重滯後，仍然堅持帶着奧茨同行。但情況實在太惡劣，大家看來難以到達下一個補給點了。終於在一個氣溫只有攝氏零下 40 度的早上，奧茨為免繼續拖累隊友，便跟隊友們説想外出走一會，然後便獨自步出帳篷。史葛上尉心裏明白奧茨的用意，忍痛地看着他的身影慢慢地消失於南極的暴風雪之中。

23

企鵝的古老學説

因為企鵝不懂得飛行，所以從前曾經被懷疑是最原始的鳥類品種。

在 19 世紀至 20 世紀初，有著名生物學家 [1] 懷疑鳥類其實是從爬蟲類進化而來。當時亦出現了另一個學説 [2]，認為從動物胚胎的發育過程中，可以看到該物種過往的進化過程。如果將這兩個概念合而為一，換句話說，只要收集到企鵝蛋，然後研究企鵝胚胎的發育過程，便能夠找到鳥類是由爬蟲類進化而來的蛛絲馬跡了。

前文提及的三位探險隊成員阿士里、亨利寶華和標威爾遜等在史葛上尉的探險航程中，曾經在南極的冬季（7 月）時，成功到達了皇帝企鵝的其中一個棲息地——克羅澤角（Cape Crozier）。他們在那裏採集到五隻皇帝企鵝的鳥蛋，但當時情況非常惡劣，氣溫達至攝氏零下 60 度，結果只能保留到其中三隻。

當阿士里回到英國後，他將這三隻鳥蛋送交自然歷史博物館（Natural History Museum），但卻沒有受到多大重視，甚至可以說沒有受到多少尊重，阿士里甚至要在再三要求下，才獲發給一紙收據。

當然，現在大家也知道企鵝並不是最原始的鳥類，也不是從爬蟲類進化出來。牠們只懂游泳，不懂飛行，只是因為牠們的祖先最終選擇了大海，而不是天空。

地圖標示

克羅澤角（Cape Crozier）
https://goo.gl/
maps/5wJD76zHwFDoZkHW6

相機：α7RIII，鏡頭：SEL100400GM，光圈：F11，快門：1/400 秒，ISO：64

看到這隻小企鵝的姿勢，筆者心想：難道牠想學千百萬年前的祖先一般，在天空中飛翔嗎？

註 1：湯瑪斯・亨利・赫胥黎（Thomas Henry Huxley）
註 2：胚胎重演律（Ontogeny recapitulates phylogeny），該學說其後被確認為不正確，所以不在此詳述。

企鵝經已滅絕

如果筆者跟大家説，企鵝其實已經絕種，大家一定會説筆者是一個傻子，但這卻是千真萬確的事實。

説來令人難以置信，我們現在所稱呼的企鵝（penguin）其實並不是真正的企鵝，真正的企鵝更加不是在南極洲居住，牠甚至不是住在南半球。事實剛好相反，牠是住在北半球的。

據英美的學術研究（包括英國牛津字典等）指出，英文「penguin」這個字應該是源自威爾斯語「pen gwyn」，意思是指白色的頭部，原本是用來稱呼一種稱為「great auk」（中文名稱「大海雀」）的海鳥，這是因為牠的頭部有一塊白色的斑紋。從外形來看，大海雀與我們現時所看到的企鵝確實非常相似。

在 19 世紀中葉，發生了一件令人惋惜的事情，因為人類的貪婪和無知，大海雀竟然被全部滅絕。而這次滅絕事件更可堪稱為動物保育史上其中一宗最荒唐的鬧劇。

當大海雀被滅絕後，歐洲的航海探險家在南半球航行時，遇到了一種與大海雀非常相似的雀鳥。當時他們以為在南半球再次發現了大海雀，所以他們便立即沿用「penguin」這個名稱來稱呼這種雀鳥。但生物學家後來才驚覺地原來是另外一種雀鳥，只是外形跟大海雀相似罷了。但錯誤既然已鑄成，便只好將錯就錯，繼續使用這個名字，而這種新發現的鳥類便是為我們今天看到的企鵝了。

大海雀
（圖片來源：約翰· 詹姆斯· 奧杜邦 John James Audubon,1785-1851）

荒唐的保育鬧劇

在陸地上，大海雀其實沒有多少天敵，所以牠在陸上的行動非常緩慢，亦不怕人，因此非常容易被人捕捉。當時，很多海員會在航程中捕捉大海雀以作為途中的肉食補給，也會用牠的肉來製造魚餌，鳥蛋當然不會被放過，而油脂也會被保存下來供生火或點燈之用。換句話說，在大海雀身上的都是寶，但如果只有上述需求的話，其實捕獵大海雀的數目並不足以引致其滅絕。

可是情況突然有變，當時歐洲對以絨毛來製造的枕頭有很大需求，這令到絨毛的原材料——歐絨鴨（common eider）被捕獵至近乎絕種。為了滿足市場的持續需求，人們便轉移目標，開始大量捕殺大海雀了。而當人類驚覺大海雀的數目也正在大幅下跌，出現絕種危機時，便知道要作出保育了。

當然訂立法例是在所不免，但物以罕為貴，因為稀有的關係，這時大海雀的身價卻變得水漲船高，甚至可說是奇貨可居起來。在這時候，被捕獲的大海雀已再不是用來製造枕頭，而是用來製造標本，讓有錢人當作擺設來炫耀，結果大海雀便繼續被濫殺濫捕。

更諷刺的是，一些博物館竟然也爭相以高價去購買大海雀的標本，然後卻反過來以這些標本去宣揚和推廣保育大海雀的重要性。保育手法竟然荒誕到這個地步，大海雀的悲慘結局實在已是無可避免。

第一章　南極帝皇——皇帝企鵝

歐絨鴨（common eider）
（圖片來源：Pixabay）

結果，在 1844 年 7 月 3 日，最後的一對大海雀（註：牠奉行一夫一妻制）在冰島首都雷克雅未克（Reykjavík）西南方一個名為埃爾德島（Eldey Island）的外島被勒斃，而正在孵化中的鳥蛋也被踏碎。牠倆被殺的原因也是因為一位商人想得到大海雀的標本。其後在 1852 年，有人宣稱在加拿大的紐芬蘭（Newfoundland）看到一隻大海雀，這也是人類最後一次目睹大海雀的記錄了。

這次保育事件的荒唐和失敗，正正反映出人類的貪婪和對生態的傷害。其實只要我們留意一下報章的報道，便會發現直至現在，還繼續有人對野生動物進行濫殺濫捕，更甚至有人以獵殺野生動物為樂，這實在讓人搖頭嘆息。

代罪羔羊

這次事件其實還留下了一條小小的尾巴。還記得上文曾提及的歐絨鴨嗎？原來大海雀是當了牠們的替死鬼，因為後來歐絨鴨幸運地得到了適當的保育，結果避過了絕種的厄運，所以現在仍然活在世上呢。世事難料至此，我們為大海雀難過的同時，也應該為歐絨鴨的生還而慶幸。

大海雀在西方保育史上，有一個很重要的象徵意義，在 1883 年成立的美國鳥類學家聯會（American Ornithologists' Union）便以大海雀作為聯會的標誌，而該聯會在 2016 年與古柏鳥類學會（Cooper Ornithological Society）合併成為美國鳥類學會（American Ornithological Society）。

近年隨着生物科技的突飛猛進，有科學家認為應該嘗試將部份已絕種的生物重現世上，以大海雀的響亮名頭，當然被列於這個重現名單的前列位置。但同時亦有部份呼聲持相反意見，他們認為逝者已矣，既然當初這些物種逃不過絕種的命運，人類便應該對此予以尊重，而不應妄自以主觀感覺，為這些死去的生物翻案。這事情在未來如何發展，真的要大家拭目以待了，不知大家對此又有甚麼看法呢？

真正的企鵝：大海雀 （Great Auk）

大海雀是一種不會飛的鳥類，但卻精於游泳和潛泳。牠的外形與現在的企鵝非常相似，背部黑色，腹部白色，可是兩者在外形上有一處明顯的分別：現在企鵝的喙部（鳥類的嘴部）是尖長的，而大海雀的喙部是上闊下窄，左右較扁的，而且也有橫紋。

刀喙海雀（razorbill）
（圖片來源：Pixabay）

根據基因的檢定，現在還生存的刀喙海雀（razorbill）及海鸚（puffin）是大海雀的近親，難怪筆者在北歐看到海鸚時，會覺得牠的樣子跟企鵝很相似，只是海鸚不只懂得游泳，也懂得飛天罷了。

相機：α9，鏡頭：SEL100400GM，光圈：F5.6，快門：1/1600 秒，ISO：640
海鸚（puffin），牠喙內的是剛捕獲的魚蝦。

當企鵝遇上北極熊

數年前，於電視節目上，曾有香港立法會的議員説北極有企鵝，結果遭到網民們和一些議員的訕笑。其實如果當時該議員指出自己所提及的企鵝，是最早被稱為「企鵝」的大海雀，便能解除當時的窘境了。

大海雀主要生活在大西洋北部（西至加拿大、格陵蘭，東至挪威、瑞典等地），部份區域與北極圈重疊，所以這些原生的企鵝曾在北極圈內與北極熊相遇。為甚麼牠們並沒有被兇悍無匹的北極熊所滅絕，但最終卻被人類所殲滅呢？答案很簡單，因為大海雀的繁殖地是在南方的一些荒僻島嶼上，北極熊的足跡沒有那麼遠，並沒有干擾到牠們的繁衍。

相反，人類卻主動登上這些島嶼追獵大海雀，相比於北極熊，兩者對大海雀存活的影響程度便顯而易見了。

企鵝帝國

在全球的 18 種企鵝之中，除了加拉柏哥斯企鵝在赤道附近居住外，其他種類的企鵝都在南半球居住，牠們的分佈區域大致如下：

地區	種類
南極洲區域 Antarctica （南緯 60 至 90 度）	皇帝企鵝（emperor penguin）、 阿德利企鵝（Adélie penguin）、 頰帶企鵝（chinstrap penguin）、 巴布亞企鵝（gentoo penguin）
亞南極區域 Subantarctic Region （南緯 46 至 60 度）	國王企鵝（king penguin）、 巴布亞企鵝（gentoo penguin）、 皇室企鵝（royal penguin）、 跳岩企鵝（rockhopper penguin）、 長冠企鵝（macaroni penguin）
南半球的熱帶和溫帶	峽灣企鵝（fiordland penguin）、 豎冠企鵝（erect-crested penguin）、 黃眼企鵝（yellow-eyed penguin）、 小藍企鵝（little blue penguin）、 白鰭企鵝（white-flippered penguin）、 史納爾企鵝（Snares penguin）、 麥哲倫企鵝（Magellanic penguin）、 非洲企鵝（African penguin）、 秘魯企鵝（Humboldt penguin）
赤道	加拉柏哥斯企鵝（Galapagos penguin）

當中只有皇帝企鵝和阿德利企鵝生活在南極洲大陸上，皇帝企鵝會在海冰上繁殖，而阿德利企鵝則喜歡在陸地上築巢繁殖。

頰帶企鵝和巴布亞企鵝主要生活在南極洲的島嶼上，而巴布亞企鵝在南極洲和亞南極兩個區域也會出現。

亞南極區域內的主要島嶼包括南喬治亞島（South Georgia Island）、福克蘭群島（Falkland Islands）等島嶼。

每年有兩個日子是人們用來表達對企鵝的關心和重視，分別為 1 月 20 日的企鵝關注日（Penguin Awareness Day）和 4 月 25 日的世界企鵝日（World Penguin Day）。每年的 4 月 25 日前後，其實也是阿德利企鵝開始離開南極洲，向北方游去以避開嚴寒冬季的日子。

第一章　南極帝皇——皇帝企鵝

相機：α7RIII，鏡頭：SEL100400GM，光圈：F8，快門：1/2000 秒，ISO：125
一群皇帝企鵝正在一個跟着一個地步行回去牠們的棲息地

地圖標示

南喬治亞島
（South Georgia Island）
https://goo.gl/maps/
BN5zDE9b4hD8c2TK8

地圖標示

福克蘭群島
（Falkland Islands）
https://goo.gl/maps/
dfCzWvZK2kTvW8a37

神聖的帝皇

超萌的皇帝企鵝

以企鵝寶寶的外形來看，筆者覺得皇帝企鵝寶寶絕對是企鵝界中最萌、最可愛的了！牠的叫聲和動作，都有趣得活像動畫片的主角一般，難怪美國荷里活的電影公司會以皇帝企鵝寶寶作為主角，去製成動畫片《踢躂小企鵝》（*Happy Feet*）[1] 了，而且更非常賣座呢！另外，曾獲奧斯卡電影獎的一部法國紀錄片《小企鵝大長征》（*March of the Penguins*）[2] 也是以皇帝企鵝為主角的呢！

神聖的皇帝企鵝

皇帝企鵝的生活模式與其他種類的企鵝截然不同，可以說是自成一派。為了應對南極洲的惡劣氣候和環境，皇帝企鵝們會努力合作去應對，若非如此，牠們便沒可能在攝氏零下 60 度的情況下仍能生存下來。

皇帝企鵝養育下一代的方法更絕對可以用「史詩式」來形容，企鵝父母間的緊密配合，時間上的充份掌握，繁殖地點的巧妙安排……每一步都聯繫得如此絲絲入扣，沒有任何能讓人質疑的空間。在哺育期內，牠們更常常會以斷食多個月、虛脫式深潛來挑戰環境和自身的極限。在短短九個月的繁殖期內，牠們用最極致的方式來呈現父母對孩子的愛，深深觸動世人的心弦。

註 1：內地的片名是《快樂的大腳》，台灣的片名是《快樂腳》。
註 2：內地的片名是《帝企鵝日記》，台灣的片名是《企鵝寶貝：南極的旅程》。

相機：α7RIII，鏡頭：SEL100400GM，光圈：F11，快門：1/800 秒，ISO：160
成年的皇帝企鵝和小寶寶在一起，牠們的外形和動作都非常可愛。

筆者完全拜服這種奇怪的生物，所以便決定前往南極洲去看看牠們，而且目標不單要看到成年的皇帝企鵝，也要看看牠們的孩童階段。對筆者來說，這趟尋找皇帝企鵝之旅絕對是一趟朝聖之旅。

視頻顯示　**超萌的皇帝企鵝寶寶**

Facebook

Youtube

尋找帝皇計劃，行動代號 ——南極洲

這次南極皇帝企鵝朝聖之旅便是在上述的背景下醞釀，筆者開始搜集大量資料，也聯繫了外地不少富經驗的朋友，向他們尋求意見。結果發現原來大部份前往南極洲的旅程中，通常只可以看到國王企鵝和阿德利企鵝等，但如果要看到企鵝中的皇者——皇帝企鵝的話，便只有寥寥數個行程可供選擇了。當中有一些行程聲稱可以看到皇帝企鵝，但卻只會安排參與者乘坐橡皮艇到海冰的邊緣位置守候，這種行程設計可以說有如大海撈針，看到皇帝企鵝的機會其實是接近零。另一方面，其他觀察皇帝企鵝行程所牽涉的高昂旅費，對筆者來說，絕對是一個遙不可及的天文數字。以上種種，讓筆者失落了一段不短的日子。

但天無絕人之路，筆者竟然幸運地遇上了一個已停辦七年，在今年（2018 年）再次起動的破冰船行程。相關旅行團營辦商更特別聲明：因為物流和工作人員的安排實在太艱巨，在未來數年都不會再舉辦類似行程了。所以這個機會可說是「八」載難逢，筆者當然二話不說，立即報名。這個行程的設計是向着南極洲內的一個皇帝企鵝棲息地進軍，這地方名為雪丘島（Snow Hill Island）[1]，它位處於西摩島（Seymour Island）的毗鄰，而在南極洲生物的考古研究上，西摩島具有很重要的地位（請參看後文「皇帝企鵝的趣聞」）。

註 1：內地和台灣譯名是「斯諾希爾島」

地圖標示

雪丘島（Snow Hill Island）
https://goo.gl/maps/
yHEKMN6GzQxNgDUx6

筆者所乘坐的俄羅斯破冰船，是特別從北極抽調到南極洲為這趟旅程工作的。

筆者選擇這個行程其實還有其他原因。首先，筆者想在南極洲內觀看南極光，以便親身印證筆者長久以來對南極光的看法，從而推翻坊間一個對南極光的錯誤見解（請參看後文「遇上南極光」）。由於這個航程會在夏季極畫開始前出發，換言之，參加者有機會可以在南極洲看到南極光。另一方面，這個行程其實可算是一個海上學府行程，隨團人員包括了海洋生物學家、冰川學家、鳥類學家、歷史學家等，他們的專業程度並不是一般的工作人員可比；筆者相信他們在行程中主講的每一個講座，必定會非常精彩有趣。當筆者登船後，更吃驚地發現其中一位講者原來是美國駐南極研究站的前站長李察．沃拉克（Richard Wolak）——因為他對南極研究的貢獻，南極洲有一座山峰沃拉克峰（Wolak Peak）是以他的名字命名呢。

捷「豬」先登

到南極洲遊覽，對很多人來說，是一生中最想完成的一次夢想旅程，筆者也毫不例外。筆者終於踏出了南極洲之旅的第一步，但有誰會想到，原來在100多年前，已經有一隻小豬曾到過南極洲兩次呢？（詳見下文）

地圖標示

沃拉克峰（Wolak Peak）
https://goo.gl/maps/
wLmSAYWvPx6Spgkd9

地圖標示

西摩島（Seymour Island）
https://goo.gl/maps/
oNaWcgebYuYnw1829

Toby
——到過南極洲兩次的小豬

在 1903 年某天，法國探險家約翰‧巴蒂斯特‧夏科特（Jean-Baptiste Charcot）率領的船隊正前往南極洲準備拯救另一位探險家——瑞典的奧圖‧勞丁奎（Otto Nordenskjöld），奧圖的船隻在南極洲的威德爾海（Weddell Sea）失蹤。當約翰到達阿根廷首都布宜諾斯艾利斯（Buenos Aires）時，他發現奧圖已被阿根廷的烏拉圭號（Uruguay）所拯救，因此便決定改變這次前往南極洲的目的，重新定位為為考察南極半島（Antarctic Peninsula）。

在起行前，約翰與烏拉圭號的船長伊利薩爾（Irizar）碰面，伊利薩爾將他在拯救行程中所攜帶的小豬托比（Toby）送贈給約翰，因為小豬托比被視為該拯救行程中的吉祥物，伊利薩爾以此祝福約翰，希望他在航程中也不會遇到任何險阻，能順利平安歸來。結果，小豬托比便開始了牠的第二次南極洲旅程。

在旅程中，小豬托比曾經登上南極洲，不單在上面與其他雪地工作犬奔跑嬉戲，牠也曾追逐南極洲上的海豹和企鵝等。毫無疑問，牠絕對是一隻快樂的小豬！在船上的時候，牠會跟廚師和船員們玩耍，眾人都將牠視作寵物般看待，而決不是隨時準備放上餐桌的食物。

小豬托比在南極洲開心生活了約一年的時間，可惜有一天，牠不小心吃了船員釣獲的一尾魚，而當時魚鈎卻仍然在魚身之內。身為醫生的約翰為小豬托比進行了急救手術，可惜他也無力回天。

相機：α7SII，鏡頭：SEL2470GM，光圈：F11，快門：1/800 秒，ISO：100
當船上的學者説，100 年前，探險家 Toby 曾到過南極洲兩次……，
卻原來 Toby 是一隻小豬，真的讓筆者笑得人仰馬翻。

在 1904 年 12 月 11 日，小豬托比逝世。在牠死後，船員們也沒想過要吃掉牠，而最終更將牠安葬在牠喜愛的南極洲上，為牠充滿傳奇的一生畫上句號。

41

皇帝企鵝的趣聞

名稱的由來

皇帝企鵝（emperor penguin）又被稱為「帝王企鵝」或「帝企鵝」。

為甚麼被稱為「皇帝企鵝」呢？說來好笑，從前的探險家發現了一種體形巨大的企鵝（約 0.9 公尺高），牠的體形較已發現的其他品種企鵝大得多，所以當時便認定牠是世界上最大的企鵝了，順理成章地便將牠命名為「king penguin」，中文譯名是「國王企鵝」或「王企鵝」。

可是在多年後，竟然在南極洲發現了另一種更巨型的企鵝，平均身高達到 1.2 公尺。但 king penguin 這個名字已經使用了，怎麼辦好呢？想了又想，結果便惟有將這新品種的企鵝命名為「emperor penguin」，因為在意思上，皇帝（emperor）的地位比國王（king）高得多呢。

史前的巨型企鵝

未來還會否出現更巨型的企鵝嗎？現在當然說不上未來的事情，但考古學家其實已經發現了數種已絕種企鵝的化石，其體形比皇帝企鵝巨大得多呢。

其中一種是身高 1.5 公尺的伊卡企鵝（*Icadyptes salasi*），牠的化石是在南美洲秘魯沿岸的伊卡（Ica）發現的。

地圖標示

伊卡（Ica）
https://goo.gl/maps/
UAKeXe9WQmhjtkJ29

另一種是被認為史上最巨型企鵝的卡氏古冠企鵝（*Palaeeudyptes klekowskii*），以牠不完全的骨骼化石作出推斷，牠的身高接近成年人類，達到 1.6 公尺，體重超過 100 公斤。如果牠抬起頭來，牠的尖喙（鳥嘴）跟地面的距離更會達到 2 公尺。牠的化石是在南極洲的西摩島（Seymour Island）內發現的，西摩島內蘊藏着大量南極洲古生物化石，其中以企鵝化石尤為著名，考古學家現在仍然在當地不斷進行發掘工作。

相機：α 7RIII，鏡頭：SEL100400GM，光圈：F11，快門：1/400 秒，ISO：64
一臉稚氣的小企鵝正在向爸爸撒嬌

如何分別「皇帝企鵝」與「國王企鵝」？

根據基因研究指出，皇帝企鵝與國王企鵝是近親的關係，所以在成年以後，牠們的樣子看來頗為相似，如果不太懂分辨的話，確實容易讓人混淆。

讓筆者在這裏簡單介紹一下牠們在外觀上的主要分別，以後大家只要輕輕瞧牠一眼便能分辨，一定不會弄錯呢！

成年企鵝的外形分別

（1）因為要在佈滿冰雪的地方孵蛋，為了保溫，皇帝企鵝在腳跟的位置有羽毛，而國王企鵝卻沒有；

（2）皇帝企鵝與國王企鵝頸部的圖案並不相同。

相機：α7RIII，鏡頭：SEL100400GM，光圈：F5.6，快門：1/800 秒，ISO：64

成年的皇帝企鵝，腳跟上長滿羽毛。

成年的國王企鵝，腳跟上很少羽毛。（圖片來源：Pixabay）

相機：α7RIII，鏡頭：SEL100400GM，
光圈：F13，快門：1/1250 秒，ISO：250

成年的皇帝企鵝，頸部的圖案是分開的，並沒有連在一起。

成年的國王企鵝，頸部的圖案是連在一起的。
（圖片來源：Pixabay）

企鵝寶寶的外形分別

（1） 皇帝企鵝喜歡在冰天雪地的南極洲海冰上生兒育女，所以企鵝寶寶的羽毛是灰白色，那是牠的保護色；

（2） 國王企鵝並不喜歡冰雪，只在沒有冰雪的陸地（亞南極區域的島嶼）養育下一代，所以企鵝寶寶的羽毛是褐色，即是陸地的顏色。

相機：α7RIII，鏡頭：SEL100400GM，
光圈：F11，快門：1/1000 秒，ISO：125
皇帝企鵝寶寶，全身是灰白的羽毛。

國王企鵝寶寶，全身是褐色的羽毛。
（圖片來源：Pixabay）

47

皇帝企鵝大本營

在繁殖期內，皇帝企鵝會生活在海冰之上，但只會選擇當中的岸冰（fast ice），那麼甚麼是岸冰呢？其實海冰可分為兩類：岸冰和浮冰（drift ice/ pack ice），岸冰是與陸地連接的海冰，而浮冰則是漂浮於海上的海冰。

棲息地

當皇帝企鵝在岸冰上聚居在一起，這個地方便叫做棲息地（colony）。在一個大型的棲息地內，皇帝企鵝的數目可多達數萬隻。

皇帝企鵝有很多大小不同的族群，分佈在南極洲的不同區域。根據統計，現在約有 46 個皇帝企鵝的棲息地，而它們大多數都位處偏僻，人類難以到達。由於這個原因，所以點算棲息地和皇帝企鵝數目的工作便只能依靠人造衛星圖片來完成了。經最新點算後，現在估計皇帝企鵝的總數大約是 60 萬隻。

擴大縮小

皇帝企鵝棲息地的面積和地點並不是固定的：在天氣良好的時候，棲息地的面積會逐漸擴大，因為企鵝們都會分散開來活動；但當風暴來臨時，企鵝們又會圍攏起來，結果棲息地的面積便又會收縮起來。在擴大和縮小的不斷循環之下，這引致棲息地好像會在海冰上不斷移動似的。

這時，大家可能會問，雀鳥不是會築巢的嗎？怎麼皇帝企鵝們會離開自己鳥巢，走來走去呢？原因其實很簡單，因為皇帝企鵝原來並沒有築巢（請參看後文「不會築巢」）。

相機：α 7RIII，鏡頭：SEL1635GM，光圈：F8，快門：1/250 秒，ISO：800
圖中最後方的是從冰川崩裂出來的冰山（iceberg），
右面的是與陸地連接的岸冰（fast ice），左面的是在海上漂浮的浮冰（drift ice/ pack ice）。

相機：α 7RIII，鏡頭：SEL100400GM，光圈：F11，快門：1/2000 秒，ISO：250
在這個棲息地內，聚居着成千上萬的皇帝企鵝。

海中天敵——虎豹雙煞

皇帝企鵝遷居到遠離岸邊的海冰上繁殖，其實是為了避開主要的海上天敵——豹紋海豹（leopard seal）和虎鯨（orca，又名殺人鯨、殺手鯨和逆戟鯨等），使自己的孩子可以在安全的環境下長大。

危險的岸邊

皇帝企鵝的游泳速度較豹紋海豹和殺人鯨慢得多，應付不了牠們的追逐，但幸好皇帝企鵝擁有黑白兩色的羽毛，令牠在海裏的時候，受到保護色的幫助，得以減低被獵殺的機會。這身黑白羽毛的保護方式非常簡單，在海裏的時候，當捕獵者如豹紋海豹從企鵝的上方向下看企鵝時，企鵝的黑色背部會跟深海的漆黑融合起來；反過來說，當捕獵者從企鵝的下方向上望企鵝時，企鵝的白色肚皮便又跟天空的陽光融合在一起，兩種情況都令到捕獵者較難看到企鵝的身影。

為了應對企鵝身上的這種保護色，豹紋海豹便聰明地以守株待兔的方法，靜靜地在岸邊守候。

如果豹紋海豹是在水中的話，牠便會靜悄悄地、間歇地從海面探出頭來，以銳利的雙眼觀察岸上企鵝們的所在位置，靜待企鵝們空群下水的一刻，才伺機而噬。相反來說，如果豹紋海豹是在海冰上，牠們便會尋找企鵝們的登岸位置，然後便在這岸邊守候，當企鵝們在這登岸的一刻，也是牠們最狼狽的一刻，海豹便有機可乘了。

螳螂捕蟬，黃雀在後

當豹紋海豹以這手段對付皇帝企鵝的時候，其實自己又何嘗不會成為其

相機：α7RIII，鏡頭：SEL100400GM，光圈：F11，快門：1/500 秒，ISO：80
圖中的殺人鯨剛剛追獵海豹，但海豹機警地逃脫，幸免成為殺人鯨的早餐。

他捕獵者的目標呢？筆者在南極洲海域時，曾目睹四頭殺人鯨在岸邊聯手突襲一隻海豹，幸好海豹機警地奮力躍上海冰，成功從殺人鯨的利齒中逃脫，不過牠的身上已多了一道血淋淋的傷痕。

51

陸上天敵——巨型海燕、賊鷗

以成年的皇帝企鵝來說,在岸上並沒有天敵。因為在南極洲上,並沒有陸上的掠食性動物,而以牠的巨大體形,對抗海鳥的襲擊絕對是綽綽有餘。

但是當皇帝企鵝還正在幼兒的階段時,身形細小,又不懂防衛,如果父母倆同時外出覓食的話,巨型海燕(giant petrel)和賊鷗(skua)的機會便來了。牠們會首先仔細觀察,在企鵝寶寶群中,找出比較弱小的,接着便會在這隻弱小的企鵝寶寶附近降落,然後伺機襲擊牠。

為了大幅減低企鵝寶寶受襲的機會,喜歡群居的皇帝企鵝在行為上作出相應進化,自行成立了「合作社」——「企鵝託兒所」(crèche),成年皇帝企鵝們分工合作,為保護企鵝寶寶盡一分力。(請參看後文「企鵝託兒所」)

相機:α7RIII,鏡頭:SEL100400GM,光圈:F18,快門:1/640 秒,ISO:100
賊鷗是皇帝企鵝在陸上的第二天敵

相機：α7RIII，鏡頭：SEL100400GM，光圈：F11，快門：1/1600 秒，ISO：100
巨型海燕正在飛越皇帝企鵝的棲息地，不斷尋找當中離群或失去父母的企鵝寶寶，然後伺機
施襲捕食。

行路上廣州

正如前文所述，皇帝企鵝為了令到下一代安全地成長，所以將棲息地建立在遠離岸邊的海冰上。紀錄片《小企鵝大長征》（*March of the Penguins*）也曾提及，皇帝企鵝會朝着內陸方向步行約 70 英里（約 112 公里）設置棲息地。但到底 70 英里是一個多長的距離呢？讓筆者舉個例子吧，從香港到廣州的直線距離，大約便是 70 英里了。另一方面，大家又可以比較一下，其實馬拉松賽事的路程距離也只是約 26.2 英里罷了。

以牠們這種紳士式的步行方法，一擺一擺地步行 70 英里，筆者真的要對皇帝企鵝們多說數遍：佩服！佩服！

當雄性皇帝企鵝剛到達棲息地時，重量會接近 40 公斤，而雌性也大約接近 30 公斤，兩者身上有 4 成是脂肪。而這身達到 3 厘米厚的脂肪對牠們的保暖和其後長時間的斷食 [1] 非常重要。

「相心」閱讀

遠離天敵，便是最安全的地方；嚴寒氣候，卻是最惡劣的環境。皇帝企鵝選擇了在最安全，但又最惡劣的情況下，讓孩子健康成長，而孩子又不會因為父母的愛護而失去鍛煉的機會，難怪牠們在長大後，能夠成為企鵝界中的王者。

視頻顯示　**皇帝企鵝正進行超過 100 公里的步行**

Facebook

Youtube

註 1：斷食（fasting）是指在一段頗長時期內為某種目的而沒有進食。

相機：α7RIII，鏡頭：SEL100400GM，光圈：F11，快門：1/1000 秒，ISO：125
皇帝企鵝昂首闊步，不斷地來回岸邊與棲息地之間。

珍惜羽毛

皇帝企鵝懂得以肚皮向下的方式，在雪地上匍匐划行，速度非常快，如果以這種方式來回岸邊和棲息地，所需要的時間一定會較步行短得多。但皇帝企鵝卻選擇放棄效率，決心以一擺一擺的步行方式去完成這段漫漫長路，當中必然有特別原因。

原來在南極洲寒冷的天氣下，無論在陸上或海裏，有保暖和防水作用的羽毛都是非常重要。如果皇帝企鵝在划行的過程中，被雪地上堅硬的冰塊損壞了羽毛，對牠來説，這可能會構成致命的傷害。事實上，羽毛佔了皇帝企鵝保暖能力的 80% 至 90%，是在南極洲生活的最重要工具。所以牠只會在鬆軟的雪地上，才會俯伏划行；而在堅硬的冰雪上，牠卻寧可慢一點，無奈地展現一下牠的紳士氣派，一擺一擺地蹣跚上路。

養兒育女的日程確實非常緊迫，但皇帝企鵝深明欲速則不達的道理，以身上寶貴的羽毛去換取速度，確實是一項愚不可及的選擇。

據筆者的觀察所見，皇帝企鵝寶寶的步行速度其實比成年企鵝要快得多，相信這是跟成年企鵝的體形較大和重心較高有關。而另一方面，企鵝寶寶不會以划行的方式去移動，因為牠不單不想羽毛有所損壞，也並不想羽毛被沾濕，始終企鵝寶寶的羽毛是不能防水的。

皇帝企鵝每年也會更新羽毛，令羽毛處於最佳狀態。所以在每年初夏來臨時，沒有繁殖的皇帝企鵝便會開始換毛，大約 34 天便可完成。而因為要照顧企鵝寶寶的關係，企鵝爸爸和媽媽會遲一點才換毛，大約是在每年的 1 至 2 月之間。

相機：α7RIII，鏡頭：SEL100400GM，光圈：F11，快門：1/800 秒，ISO：100
在鬆軟的雪地上，皇帝企鵝會俯伏地上划行，而在較堅硬的冰地，牠便會站起來步行，以免羽毛受損。

近年生物工程師在研究皇帝企鵝身上的羽毛後，發現它無論在性質、構造和排列方向都非常特別，正研究能否將相關特性加以利用，從而研發更有效的保暖物料。

寒天也要吃冰棒

為了抵禦南極的嚴寒天氣，皇帝企鵝身上的脂肪層很厚，而牠的羽毛也有極高的保暖能力，否則皇帝企鵝絕不能安然渡過低至攝氏零下60度的冬天。

但在夏天的時候，難題便來了。南極的氣溫可上升至大約攝氏零下數度，這溫度對人類來說，當然仍然是低溫，但對皇帝企鵝來說，這卻是極高溫了，真的炎熱到讓牠受不了，如果不降溫的話，皇帝企鵝會中暑呢！

皇帝企鵝當然沒法子脫掉身上的脂肪和羽毛，降溫便只能另找辦法。牠首先會伏在地上，嘗試借冰雪將體溫降低一點。但如果體溫仍然太高的話，更直截了當的方法便是吃雪和吃冰了。

雪是從天而降，成份是淡水，吃了它並沒有問題，皇帝企鵝也以吃雪為主。但如果牠吃到的是海冰的話，鹽份便會很高了，這時怎麼辦好呢？原來在皇帝企鵝能夠將體內多餘的鹽份從鼻側[1]排出體外，所以皇帝企鵝吃海冰、海魚和磷蝦等，都不會出現鹽份過多的問題啊！

註1：皇帝企鵝的眼睛附近有腺體（supraorbital gland）能將血液內多餘的鹽份分隔出來，然後鹽份會沿着鼻側流出。

相機：α7RIII，鏡頭：SEL100400GM，光圈：F11，快門：1/800 秒，ISO：125
對皇帝企鵝來說，攝氏零度的氣溫實在是太炎熱了，企鵝寶寶們剛找到來自冰川的藍色冰塊，
當然爭相要吃一口來消消暑呢！

炮彈式泳術

眾所周知，企鵝並不懂得在空中飛翔，牠那一雙細小的掌翼只是用作划水罷了。但當皇帝企鵝登岸的時候，卻總是勁度十足，像是從水中噴射而出似的，原來牠竟然懂得在水中噴射式飛翔。

皇帝企鵝的體形非常流線型，這可以幫助牠減低水中的阻力，而羽毛構造方面，除了保暖功能外，原來更有特別設計，可以幫助在潛泳時短暫增速。

首先，當皇帝企鵝準備下潛之前，牠會在水面不斷擺動身體，以便在羽毛間積聚大量空氣，為其後回到岸上時作出準備。當牠在水裏準備結束潛泳，要回到岸上的時候，牠便會不斷將羽毛間的空氣擠出來，令到空氣包圍着自己全身，這便大大減低了牠在水中的阻力。結果皇帝企鵝便能以兩倍於平常潛泳的速度，像炮彈般從水中彈射而出，從而成功登上高於海面超過一公尺的冰面，而這種速度當然也有助於牠逃避海豹的捕獵。

「相心」閱讀

到了關鍵的時刻，作人作事都要講求一鼓作氣，才能突破關口。原來在自然界中，其他生物也有相同的取態。

相機：α 7RIII，鏡頭：SEL100400GM，光圈：F16，快門：1/800 秒，ISO：160

皇帝企鵝躍出水面的一剎那

腳跟觸地（廣府話：腳踭掂地）

腳掌懸空

人類在行走和站立的時候，會將腳掌貼着地面，但皇帝企鵝是生活在極度嚴寒的南極，如果像人類一般，將一雙腳掌貼在冰面上，體溫便會流失得極快，實在難以生存。所以皇帝企鵝在站立時，會採取一個特別的方式——只會腳跟觸地，前腳掌卻是懸空，沒有接觸到冰面，這樣便能夠大幅減低體溫的流失。

防寒靜脈血管

另一方面，皇帝企鵝腳上的血管分佈與人類相比，也有很大的分別。皇帝企鵝腳部的動脈與靜脈距離很近，在學術上稱為「逆流熱交換」（countercurrent heat exchange）。在這系統下，當較冷的血液沿着靜脈從腳掌回流的時候，腳內相鄰的動脈便開始不斷將這些血液增溫，這樣當血液回流到主要器官的時候，便不會太過寒冷了。

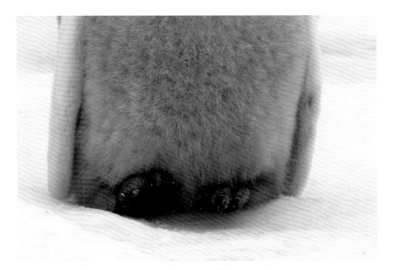

相機：α7RIII，鏡頭：SEL100400GM，光圈：F11，快門：1/500 秒，ISO：64
圖中可看到小企鵝的腳跟觸地，但腳掌的部份卻會避免接觸冰雪地面。

相機：α7RIII，鏡頭：SEL100400GM，光圈：F11，快門：1/2000 秒，ISO：200
圖中可看到大企鵝的腳跟觸地，但腳掌的部份卻會避免接觸冰雪地面。

圍「爐」取暖

當冬季暴風雪來襲時，南極洲的氣溫可下降至攝氏零下 60 度，風速達到時速 200 公里。在這麼嚴苛的生活環境下，縱使皇帝企鵝擁有保暖能力極強的羽毛和肥厚的脂肪層，但也無法獨力去抵抗，牠們必須要聯合起來 [1]，互相合作才能生存下來。

螺旋式轉圈

首先，皇帝企鵝們會靠攏起來，密不透風地將大夥兒一團團地圍起來，形成被稱為企鵝堆（huddle）的暫時團夥，以便抵禦那刺骨的寒風暴雪。大家很容易便能想像到，處身於最外圍的企鵝們是直接抵抗着凜冽寒風，牠們的體溫流失得最快。但牠們並不會爭先恐後地擠入企鵝堆的中心區域，而是會非常有秩序地以螺旋式的方法繞着中心轉圈，然後慢慢地轉進去，牠們的速度可以慢至每分鐘只移動幾厘米。這時，身處最內圍的企鵝們也會慢慢地轉出去最外圍，去接力抵禦寒流的衝擊。這種由外移內，然後由內移外，互相配合，互相分擔的禦寒方法，便成為皇帝企鵝們熬過暴風雪的獨門秘技。如果情況好轉，風雪減弱時，已轉出來的企鵝便不會再轉入企鵝堆內，企鵝堆也會慢慢地自行瓦解。

核心過熱

這種抵抗風雪的方法非常獨特，沒有其他生物有類似的行為。從前的研究總喜歡將這行為浪漫化，説是企鵝個體對群體的無私奉獻，但近期的研究指出，其實內裏有其特殊原因。原來在最內圍的企鵝給其他企鵝團

註 1：這種共同合作的體溫控制被稱為「社會式體溫調節」（Social Thermoregulation）。

團地圍着，體溫竟然會出現過熱的情況，結果牠們必須移出來散熱，以便降低體溫呢！

皇帝企鵝自身的利益（散熱）與群體的利益（保暖）剛好相輔相成，這種互相配合的禦寒方法真可以說是自然界匠心獨運之作。

工程學突破

在 2018 年，有數學家在分析皇帝企鵝的這種社群式保暖模式後，提出名為「皇帝企鵝優化算法」（Emperor Penguin Optimizer）的嶄新理論，期望對解決工程學上的難題有所幫助。

相機：α7RIII，鏡頭：SEL100400GM，光圈：F16，快門：1/800 秒，ISO：100

面對南極洲內強勁無匹的暴風雪，本來分散開來的皇帝企鵝正在重新集結，決心圍攏起來一起對抗。筆者將這幅相片命名為「友情歲月」，而憑這幅相片獲得「2018 年度最佳戶外攝影師──野外生態」第 9 名。

動人的口紅

我們看到的皇帝企鵝好像只有兩個形態，一個是灰白色的孩子時期（出生後的首六個月），另一個便是像穿了黑色紳士禮服一般的成年時期。但其實皇帝企鵝要成長到五歲的時候，才達到成年，之後才會找伴侶和生兒育女。那麼在外表上，少年時期和成年時期的皇帝企鵝有甚麼分別呢？

說實在的，以我們人類的眼睛，是無法在牠們的外表上將少年時期和成年時期的皇帝企鵝分別出來，因為我們的眼睛缺少了一種雀鳥常常擁有的能力──看到紫外線的能力。

在成年後，皇帝企鵝喙部的下半部橙黃色地方，能夠反射出紫外線，而還未成年的皇帝企鵝，其喙部下半部並不能作出類似的反射。成年的皇帝企鵝是在看到這些反射出來的紫外線後，才會互相吸引，然後互相選擇（依據鳴叫和動作），從而結成夫婦。

筆者想了想，終於多少明白到為甚麼人類的成年女性，都喜歡塗上口紅了。（一笑）

其實生物學家發現，很多雀鳥都能看到紫外線，並以這種能力去獵食、求偶等，而很多雀鳥身體上的羽毛或喙部都能反射紫外線，例如蜂鳥的羽毛、海鸚的喙部斑紋等。

相機：α7RIII，鏡頭：SEL100400GM，光圈：F11，快門：1/1250 秒，ISO：200
圖中可看到成年企鵝的橙黃色喙部（下半部）

「相心」閱讀

我們自少常說，眼見為實，其實有些事情，只是我們自己看不到，想不
到，但卻真實存在。我們惟有敞開心扉，尋找新的角度，才能看清事情
的真實一面。

67

一隻企鵝兩把聲

皇帝企鵝的外貌分別不大,所以牠並不會以樣貌來辨認自己的配偶和孩子,而實際上是憑叫聲將牠們分辨出來。但皇帝企鵝的聲音有甚麼獨特之處,令到牠可以在企鵝叫聲此起彼落的嘈吵環境下,從成千上萬的同類之中,將配偶和孩子辨認出來呢?

其實鳥類是以耳咽管(syrinx)來發聲,而耳咽管可分為兩組;鳥類在發聲時,普遍只能控制其中一組,而另一組卻暫時無法用上。但皇帝企鵝和國王企鵝卻擁有得天獨厚的能力,竟然可以神奇地同時控制該兩組耳咽管,令它們可以一起發聲,而這兩種叫聲便混合成為每隻企鵝獨一無二的複雜叫聲了!

生物學家曾經將一隻企鵝的兩組叫聲分離出來,然後單獨播放,發現相關企鵝對單獨播放出來的叫聲毫無反應,但當將這兩組叫聲再度混合起來播放時,牠們便立即有反應了。

究竟這皇帝企鵝和國王企鵝為甚麼會擁有這樣神奇的能力呢?原來竟然是因為牠們不會築巢。(請參看後文「不會築巢」)

相機：α7RIII，鏡頭：SEL100400GM，光圈：F5.6，快門：1/1250 秒，ISO：64

在引吭高歌時，這隻小企鵝的臉上是多麼的神氣，牠一定對自己的兩把聲線滿有信心，
可是在牠面前的另一隻小企鵝卻早已被牠的聲音嚇得暈倒地上呢！（一笑）

不會築巢

普遍來説，多數種類的企鵝都會築巢，而企鵝巢主要是以小石子搭建而成。然而因為小石子的數量有限，所以企鵝們有時便會做出不道德的行為，例如在企鵝鄰居外出時，便偷竊鄰居的小石子；有些時候，為了爭奪小石子，企鵝們甚至會大打出手。

但在企鵝之中，皇帝企鵝和國王企鵝卻並不需要築巢，因為牠們是將鳥蛋安放在腳背之上，直接在腳背上孵蛋。而且由於皇帝企鵝的棲息地是在海冰上，所以亦根本不會有石子可以供牠作築巢之用，這便是牠為甚麼不會築巢的原因了。

雖然可以省掉築巢的時間，但不築巢其實也有壞處。因為鳥巢是固定的，不會移動的，所以當築巢的企鵝從海上覓食後回來，牠們很容易便可以找到自己的伴侶和孩子。而不築巢的企鵝，其伴侶和孩子的活動範圍不再受到鳥巢的限制，牠們可能會隨處活動。所以皇帝企鵝和國王企鵝在覓食回來後，便又要憑叫聲來辨認其愛侶和孩子了，這會費一番功夫。

除了這個壞處之外，不築巢原來也會導致另一件事情發生——夫妻倆未能從一而終。

70

相機：α7RⅢ，鏡頭：SEL100400GM，光圈：F11，快門：1/800 秒，ISO：125
沒有鳥巢的限制，皇帝企鵝寶寶自然自由自在，會與其他寶寶們聚在一起玩耍。

一夫一妻，一生一世

從小我們在電視紀錄片中得知，企鵝這種生物是奉行一夫一妻制的，夫妻間情比金堅，至死不渝。

根據生物學家的研究，很多品種的企鵝在成為夫妻後，於翌年的繁殖期，也會找回相同的伴侶，機會率甚至高至 85%。大家可能會問，為甚麼不是 100% 呢？這時，大家便要了解野生動物的死亡率了。如果其中一方已死亡，回不來了，仍在生的一方便會另覓配偶。除此之外，還可能有其他的狀況出現，例如其中一方遲了回來，結果錯過了繁殖的季節等。換言之，以 85% 的機會率來看，已經可以説企鵝是配偶之間「一生一世」的動物了。

但企鵝有 18 種這麼多，原來不同品種的企鵝也有不同的機會率，當中最低的駭然是皇帝企鵝，機會率竟然低至 15%，與其他種類的企鵝相比，確實是大有距離，連其近親國王企鵝的機會率也比牠高一倍，達至30%。看到這個特別低的機會率，不能避免地會讓人聯想到，難道皇帝企鵝「鵝」如其名，活得像皇帝一樣，後宮有三千佳麗，不思恩情嗎？

答案當然不是。其實因為皇帝企鵝不但沒有鳥巢，更是在海冰上繁殖（國王企鵝卻是在陸地上繁殖），所以在繁殖季節到來時，便不能像其他企鵝般，可以回到去年繁殖的大約位置找回配偶。牠只能無奈地不斷以叫聲來跟愛侶相認。大家可以想像得到，在數千隻、數萬隻同類共處的環境下，這會是多麼困難的事情。另一方面，皇帝企鵝的繁殖期受到天氣和海冰的限制，時間上非常緊迫，夫妻們在盡力嘗試之下，若仍然找不到對方的話，便只能作罷，惟有面對現實地去另覓配偶。

相機：α 7RIII，鏡頭：SEL100400GM，光圈：F11，快門：1/500 秒，ISO：64
企鵝以一夫一妻制聞名，但基於生活環境的限制，如果皇帝企鵝要在翌年找回自己的伴侶，
實在非常困難。

其實在沒有鳥巢的情況下，還能夠以 15% 的成功率去找回去年的配偶，
可以看到皇帝企鵝實在已經盡心盡力，絕對不是見異思遷之流。

一孩政策

在南極嚴寒的天氣下，皇帝企鵝所面對的生育環境較其他種類的企鵝更為嚴峻，所以牠每年只會下一隻蛋，換句話說，牠是一孩政策的擁護者。

在下蛋後，企鵝媽媽便會立即將鳥蛋放在兩隻腳背之上，以免企鵝蛋接觸到寒冷的冰面而凍壞。同時牠更會以腹部的育嬰袋（brood pouch）將企鵝蛋覆蓋起來，盡快地為其保溫。

其他多數種類企鵝的行為

大多數種類的企鵝媽媽每次會下兩隻蛋，待兩隻蛋孵化出小企鵝後，企鵝父母便不斷觀察兩隻小企鵝的成長進度，較瘦弱的一隻最終會被放棄，企鵝父母只會繼續養育較強壯的一隻。以人類的角度來看，這是非常殘酷的行為，但其實企鵝父母捕捉魚蝦的速度確實有限，所以並不可能同時將兩隻小企鵝養大，放棄較弱小的一隻小企鵝，全力養育較強壯的另一隻小企鵝，便變成無可奈何的選擇。

環保後記

從前人們會大量撿拾鳥蛋作為食糧，但這種行為嚴重影響到企鵝的繁殖，現在的人在了解企鵝的繁殖模式後，已懂得在那些會下兩隻蛋的企鵝中，只撿走其鳥巢內的一隻蛋，讓企鵝父母繼續孵化剩下的另一隻蛋。

相機：α7RIII，鏡頭：SEL100400GM，光圈：F11，快門：1/3200 秒，ISO：200
兩隻皇帝企鵝寶寶吃得胖胖的，正伏在雪地上曬太陽，看看牠們多麼寫意的樣子。

愛的方程式：1+♡+1=3？

有些人説 1+♡+1=2，因為他們只想要二人世界；又有些人説 1+♡+1=3，甚至 4、5、6……等，孩子應該越多越好。但在皇帝企鵝的世界裏，答案便一定是 3，因為如上文所説，牠們奉行一孩政策，每年只會下一隻蛋。企鵝父母大部份時間也到了海上覓食，能夠一家三口，共聚天倫的時刻，確實是少之又少。誰不珍惜這些寶貴的時光呢？

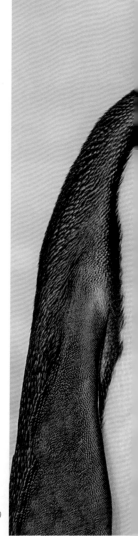

相機：α7RIII，鏡頭：SEL100400GM，
光圈：F11，快門：1/1600 秒，ISO：320
共聚天倫

滾蛋遊戲──限時兩分鐘

斷食兩個月

大部份雀鳥都是由母親孵蛋，但皇帝企鵝卻反傳統地由父親肩負起孵蛋的重任，當中的原因其實很簡單──因為企鵝媽媽肚子餓。

原來企鵝媽媽在下蛋後，已消耗了體內很大部份的熱量，而且牠也已經兩個月沒有進食了。因此當牠下蛋後，便會盡快將蛋轉交給伴侶，然後趕快回到海裏覓食。

手足無措

交蛋的這個工作，對我們說來當然是輕描淡寫的事情，但對於腳部短小，有翼沒手的皇帝企鵝來說，卻根本是高難度動作。而更苛刻的是，這個過程是有時間限制的，因為只要企鵝爸媽倆手足無措，在兩分鐘內仍未能將企鵝蛋成功轉移到企鵝爸爸的腳背之上，那麼企鵝蛋便會因為接觸冰面過久而被凍壞。換句話說，今年牠們兩夫妻的生育大計便要宣告失敗了。據研究統計顯示，原來 25% 的轉移會以失敗告終，實在非常可惜。

其實所謂君子動口不動手，有經驗的企鵝爸媽會懂得靈活使用自己的喙部，互相合作將企鵝蛋推送到爸爸的腳背上。而沒太多經驗的年輕父母，卻可能笨拙地不懂得如何是好，在你急我趕之下，喙部亂推亂撥，失敗的結果便可以預見了。

當企鵝蛋成功地轉到企鵝爸爸的腳背上之後，企鵝媽媽在這階段的工作便可算是完成了，牠會立即動身回到海裏去，以便盡快可以吃個飽。

相機：α7RIII，鏡頭：SEL100400GM，光圈：F11，快門：1/640 秒，ISO：100
如果皇帝企鵝的爸媽不是「滾蛋」的話，便不會有企鵝寶寶了。（一笑）

「相心」閱讀

不曉得企鵝媽媽在生蛋時，會否如人類一般，經歷十級陣痛呢？但不能
否定的是，企鵝媽媽為了誕下下一代，在嚴寒的天氣下，面對持續暴雪，
不單沒有進食，還必須要維持站立姿勢兩個月，這種為下一代而堅忍的
態度，真的讓人難忘。

父兼母職——由爸爸孵蛋

當企鵝蛋已經安放在企鵝爸爸的腳背上，而企鵝媽媽也已經離開，這時孵蛋的責任便順理成章地由企鵝爸爸擔當了。

在這段期間，因為離岸太遠和需要孵蛋的關係，企鵝爸爸是沒有辦法去捕食，牠要依靠身體內的脂肪來繼續生存，支持到企鵝媽媽從海裏回來後，飢腸轆轆的企鵝爸爸才能鬆一口氣，回到海裏去覓食。

企鵝爸爸需要大約兩個月的時間才能完成孵蛋的工作，而在企鵝寶寶出世後，牠會繼續留在爸爸的腳背上，以免被海冰所凍傷。爸爸也會用腹部的育嬰袋將寶寶蓋着，給寶寶的身體保暖，免受嚴寒風雪的侵害。

保暖的問題算是解決了，但另一個問題卻又接踵而至。企鵝寶寶出世後便會嚷着肚子餓，要吃東西，可是爸爸由 4 月份回來繁殖開始，已在棲息地上待了四個月，自己也沒得吃，哪有甚麼食物可餵養寶寶呢？如果企鵝是哺乳類動物的話，情況當然會好一點，因為可以用哺乳的方法去解決這個問題。但皇帝企鵝是鳥類，而企鵝爸爸更加是雄性，怎會有哺乳的可能呢？

誰知道，常識也會有失效的時候，因為企鵝爸爸竟然是一個魔法師——牠竟然懂得「哺乳」呢！

企鵝寶寶正從爸爸的育嬰袋中探出頭來
（圖片來源：Pixabay）

爸爸變魔法——竟然會「哺乳」

企鵝寶寶破蛋而出後，便需要開始餵哺，而說時遲，那時快，皇帝企鵝爸爸竟然「留有一手」——牠好像曉得變魔法似的，立即吐出一些白色乳狀的營養液出來，供寶寶暫時渡過難關。

難道皇帝企鵝竟然是哺乳類動物？那當然不是啦，其實那些像白色的營養液是從牠食道內的腺體分泌出來，這些營養液內含豐富蛋白質和油脂，而在未來的一個星期，企鵝寶寶便要依賴這種營養液生活了。

根據生物學家指出，企鵝類中只有雄性的皇帝企鵝有此特殊能力，連牠的近親國王企鵝也沒有這般能耐。在其他鳥類中，亦只發現當中兩種有此能力，分別是火烈鳥（flamingo）和鴿類（pigeon）。

相機：α7RⅢ，鏡頭：SEL100400GM，光圈：F11，快門：1/1250 秒，ISO：200

企鵝爸爸正在將乳狀的營養液吐出來餵哺企鵝寶寶

等着妳回來

到了這一刻，另外一個限時遊戲便又開始了，企鵝爸爸僅餘的營養液其實非常有限，所以由寶寶出世開始後的大約一個星期內，媽媽必須帶着食物回來，否則寶寶便會在無食物補給的情況下餓死，時間實在非常緊急。

另一方面，當皇帝企鵝媽媽回來後，其實也不會立即知道在數以千計的寶寶之中，哪一隻是自己的孩子。因為雖然孩子已出生了兩個月，但牠跟孩子其實還未碰過臉呢！所以牠先要花時間以叫聲盡快跟企鵝爸爸相認，當找到企鵝爸爸之後，瑟縮在爸爸胯下的，便自然是自己的孩子了。

當愛侶相認，媽媽和爸爸相偎相依，以喙部互碰，恩愛之情盡現。接着便應該是母子重逢，孩子向媽媽撒嬌，媽媽向孩子輕撫的溫馨場面了，但誰知道卻不是這樣呢。

雖然知道要盡快給企鵝寶寶餵食，但看着自己在狂風暴雪之下，辛辛苦苦花了兩個多月才孵出來的企鵝寶寶，誰又會捨得將牠交出來呢？結果很多時候，企鵝爸爸會左閃右避，不肯將寶寶交給媽媽，結果可能需要擾攘大半天後，在爸爸難捨難離的情況下，媽媽才能接過孩子呢。

然後企鵝媽媽便會將食物少許少許地吐出來，持續地餵哺自己的孩子，讓孩子吃個飽。

視頻顯示　企鵝媽媽餵哺企鵝寶寶

Facebook

Youtube

相機：α7RIII，鏡頭：SEL100400GM，光圈：F11，快門：1/1250 秒，ISO：125
企鵝寶寶像是在詢問爸爸：「媽媽會在甚麼時候回來呢？」

85

輪班育兒

雖然説成年的皇帝企鵝在陸上並無天敵，但當其孩子還幼小時，巨型海燕和賊鷗是有能力捕獵其孩子。所以在這段期間，皇帝企鵝父母會寸步不離，輪流陪伴着孩子，以防止孩子受到天敵的襲擊。

換句話説，在父親外出覓食的時候，母親便會留下來跟孩子在一起；而當母親往覓食時，便由父親負起照顧孩子的責任。這種父母接力捕食及餵哺（照顧）的方法會不斷地進行下去，直到孩子在體形上長大數倍，較有能力保護自己的時候，才會停止。

視頻顯示 站於父母身旁的企鵝寶寶

Facebook

Youtube

相機：α 7RIII，鏡頭：SEL100400GM，光圈：F11，快門：1/1250 秒，ISO：64

當企鵝媽媽回來後，便立即接力照顧寶寶，而企鵝爸爸們也趕着動身，
快快步行回到海裏覓食。

企鵝託兒所

當皇帝企鵝的小寶寶不斷長大，食量也隨之變得越來越大，這時父母便不能再長時間陪伴小寶寶了，而是要同時到海上捕獵魚蝦，以便給常常嚷着肚子餓的小寶寶充飢。另一方面，這時的企鵝寶寶已長大了，巨大的體形已令到野鳥們（例如巨型海燕等）較難對牠們作出攻擊。

可是在沒有任何看護下，小寶寶始終會有受襲的風險，而且讓小寶寶們隨處亂跑也不是辦法。所以成年企鵝在返回海裏覓食前，會短暫停留下來，接力看顧一大群的小寶寶。這種託兒方式，以我們人類的角度來看，等於變相成立了一間企鵝託兒所（crèche）。

成年企鵝低頭叫

在筆者觀察企鵝託兒所的過程中，發現老師們（成年企鵝）都會一眼關七，留意周圍環境的變化和天敵的動向，當牠們感到有潛在危險，又或者小寶寶們離群太遠的時候，牠們便會低下頭，發出低沉而急速的叫聲，警告小寶寶們不要亂跑亂闖，而當企鵝寶寶聽到這種訓話式叫聲後，便會乖乖地立即跑回來，可能牠們害怕被老師們責罵吧！看着這些學生和老師的互動行為，真的讓筆者忍俊不禁，發覺竟然跟人類託兒所的情景完全沒有兩樣。

企鵝寶寶抬頭叫

另外，如上所説，成年企鵝會低下頭來發出低沉的叫聲，而幼小的企鵝寶寶卻剛好相反，牠們想發聲時，便會抬高頭來，像引吭高歌般發出清脆的叫聲。當牠們之間一唱一和時，真的是相「聲」成趣。

相機：α7RIII，鏡頭：SEL100400GM，光圈：F11，快門：1/800 秒，ISO：100
如果圖中的成年企鵝是老師的話，相信站在老師旁的兩隻小企鵝應該便是班長和行長了。（一笑）

精心計算的繁殖方法

也許有人會覺得皇帝企鵝太笨，老遠跑到南極洲這樣寒冷的地方生兒育女，這是白辛苦的做法，沒多少意思；看看牠的近親國王企鵝，選擇了棲息於較暖和的亞南極區域，離開南極洲遠遠的，不需要面對嚴寒的冬季，生活是多麼的寫意自在。但只要大家細心研究一下，便會發現原來皇帝企鵝這種獨特的繁殖方法，可說是經過精密的計算和部署。

最惡劣的環境也是最佳的環境

首先在遠離岸邊的地方生產和哺育，小企鵝便可以在整個成長期完全避開在岸邊生活的天敵——豹紋海豹。

不斷接力，分工合作

而在寶寶幼小時，皇帝企鵝爸媽會不斷接力來回棲息地和大海，以便合力覓食給孩子充飢。當小寶寶長大一點後，成年企鵝們又會成立企鵝託兒所來接力看顧小寶寶們。在面對南極的惡劣暴風雪時，所有企鵝又會同心協力地圍攏在一起，然後站在最內圍的企鵝會不斷接力移往最外圍去抵擋風雪。這三種分工合作的接力方法可說是完全針對南極的氣候和小寶寶的成長需要。

距離持續縮短 配合 食量不斷增大

企鵝寶寶不斷長大，食量便增多，而同一時期，海冰不斷融化，岸邊與棲息地的距離越縮越短，來回所需的步行時間也會越來越短，爸媽便可以更頻密地到大海裏覓食，收穫自然也多了，便更能滿足企鵝寶寶不斷增大的食量。最後當小企鵝長大，有能力到大海覓食時，棲息地與海冰邊緣的距離已經變得很短，小企鵝也可以跟隨企鵝爸媽，步行很短的距

相機：α7RIII，鏡頭：SEL100400GM，光圈：F11，快門：1/1250 秒，ISO：250
解構皇帝企鵝的生存之道，確實是生物學、物理學、工程學等的重大課題。

離便到達大海，開始牠們首次在海裏的生活了。

了解孩子的需要，洞悉環境變遷，再同心協力去應對。皇帝企鵝在上述
每一個成長環節都配合得天衣無縫，安排之精心實在讓人衷心佩服。

91

虛脫——給點了穴道嗎？

根據研究記錄指出，皇帝企鵝是鳥類中潛泳紀錄的保持者，牠的最長潛泳紀錄超過 32 分鐘，而最深的潛泳紀錄更達至 565 公尺。試想想，香港太平山的高度也只是 554 公尺罷了！這種驚人的深潛能力，實在並非我們人類可以相比。

用肌肉儲存氧氣

人類是陸上動物，如果想在水裏活動的話，當然會預先吸一口氣，以便將空氣積存在肺部內，讓體內可以有多一點的氧氣供使用。但皇帝企鵝身為海洋生物，為了不放過每趟在海裏追捕獵物的機會，牠需要進行更深和更長時間的潛泳，而只以肺部積存空氣的方法明顯無法滿足牠的需要。所以皇帝企鵝的身體出現了一個極致進化，原來牠的肌肉[1]可以積存大量氧氣供潛泳時使用，而肺部和血液內的氧氣則用來維持各主要器官的功能，例如腦部、心臟等。

無氧氣下繼續潛泳

每當肌肉內的氧氣耗盡後，皇帝企鵝可以選擇短暫由血液繼續提供小量氧氣給肌肉，以便繼續潛泳。之後牠便會完全切斷對肌肉的氧氣供應，令肌肉在無氧氣的情況下，繼續工作[2]，令到牠可以持續地追捕更多獵物。但這種極限潛泳方法[3]絕對不是毫無代價，甚至可以用「玩命」

註 1：皇帝企鵝的肌肉內含有大量的肌紅素（myoglobin，又稱「肌紅蛋白」），可以用來積存大量氧氣。
註 2：這情況稱為「無氧呼吸」（Anaerobic Respiration）。
註 3：在生物學上，這情況被視為超越「有氧潛泳極限」（Aerobic Dive Limit，簡稱 ADL）。而「有氧潛泳極限」的意思是肌肉在持續獲得身體供應氧氣的情況下，有關生物可以潛泳的最長時間。至於另一種定義 Diving Lactate Threshold （簡稱 DLT），在此不作詳述。

來形容之。因為肌肉在無氧氣下工作，會不斷積聚毒素（乳酸 lactic acid），這種毒素並不能無止境地積聚下去，只能暫時被牠身上的酵素所壓抑。

虛脫——無法動彈

故此，每當皇帝企鵝在完成長時間深潛返回冰上後，牠便會虛脫，完全不能動彈，要伏在海冰上休息，因為牠要以快速呼吸來盡快清除身上所積聚的毒素。根據研究資料指出，如果皇帝企鵝進行約 27 分鐘的深潛，牠便需要靜靜地伏着 6 分鐘，然後才有力氣站起來；但在這時，牠卻仍然無法走動，需要再待 20 分鐘後，牠才可以開始步行呢。大家可以想像得到，如果這時天敵豹紋海豹出現的話，便真是不堪設想了。

為了捕獲更多的獵物給孩子，皇帝企鵝使用這種不顧自身安危的潛泳方法，牠所展示的父愛和母愛，真的讓人為之動容。

相機：α7RIII，鏡頭：SEL100400GM，光圈：F16，快門：1/640 秒，ISO：200
圖中的皇帝企鵝正處於虛脫狀態，身體動彈不得，而大雪正不斷地落在牠的身上及臉上，要待數分鐘後，牠才能脫離目前的窘境。

心跳
——由每分鐘 6 次飆升至 256 次

皇帝企鵝在陸上休息時,平均心跳大約是每分鐘 72 次。

當牠進行普通潛泳時,心跳會略為上升至約每分鐘 85 次,這情況與人類徒手潛泳時,心跳會加快的情況相似。

心跳率暴跌

但當牠決定進行上文所提及的極限潛泳時[1],因為身體會停止供應氧氣給肌肉,所以心臟的工作量反而減少,心跳會持續減慢下來。起初會減至約每分鐘 41 次,而到了潛泳的最後數分鐘,心跳更會急劇減慢至每分鐘 6 次的超低水平。

心跳率暴升

而在牠在回到岸上後,因為需要作虛脫式休息,以便盡快清除體內積聚的有毒乳酸,所以心跳會急促加快,最高紀錄是達至每分鐘 256 次的駭人水平。

從每分鐘 6 次飆升至 256 次,皇帝企鵝的心臟實在強壯得讓人意外。

註 1:根據 2008 年發表的研究報告,以皇帝企鵝進行 18 分鐘深潛為分析基礎。

皇帝企鵝是天生的潛泳高手，因為牠們有超乎想像的強壯心臟。

心跳次數決定潛水時間

當人類進行徒手潛泳時，通常會以手錶記錄時間，當潛泳者發現在水中過了預定時間後（例如 30 秒），便知道已接近自己的身體極限，需要盡快浮上水面呼吸。但皇帝企鵝並不是人類，哪會有甚麼時間概念呢？所以牠是以另外一個機制來決定甚麼時候需要浮上水面。根據研究發現，當皇帝企鵝進行極限深潛，在水下的心跳次數累積至約 236 次的時候，牠便會自動浮上水面呼吸了。

生命的無奈

任何人也希望可以過着美好的生活，被父母呵護關懷，快快樂樂地成長，難道其他生物便沒有這種想法嗎？

皇帝企鵝父母每天都勤勤懇懇，為生活，為下一代盡心盡力。牠們輪流往大海裏覓食以養育下一代，可是沿岸卻是危機四伏，天敵環斑海豹對牠們伺機而噬，期望在皇帝企鵝下水或上岸的一刻，將其捕獲。

正如前文提及，皇帝企鵝寶寶必須由父母兩個同時提供食物，才足以長大。只要父母中的任何一方，遭遇不測，沒法回來，失去了父或母的寶寶，便只能傷心孤獨地，慢慢的面對死亡。

相機：α7RIII，鏡頭：SEL100400GM，光圈：F11，快門：1/800 秒，ISO：125
筆者將這張相片命名為「孤獨的企鵝」（The Lonely Penguin），代表了對生命的無奈。自
然界的定律，哪種生物也逃脫不了，但看到這種情景，還是令筆者嘆息，難以釋懷，願圖中
失去父母的小企鵝安息。

冰天雪地步行法

很多人説，我們在冰雪上步行，要學企鵝的步行方法，但更加準確的説法，我們要學的是皇帝企鵝的步行法，因為在各類企鵝之中，只有皇帝企鵝是長時間在冰雪上生活。

皇帝企鵝在冰雪上左搖右擺地步行，看似笨笨呆呆的，但這種步行法卻是經過牠長時間在冰雪上生活而驗證出來，確實是最為穩妥。只要我們細心地觀察牠的步行姿勢，便可以看到：
（1）牠在提起右腳之前，會先擺動身體及頭部，確保整個身體重心已轉移至左腳的上方；
（2）然後牠才會真正將右腳提起和移動，當右腳重新踏到地上後，牠便再次擺動身體及頭部，將身體重心轉移至右腳的上方；
（3）然後再不斷以兩腳重複上述動作。

可以看到在整個過程之中，牠的身體重心永遠都保持在正踏着地面的腳（重心腳）之上方，在這樣的姿勢下，因為身體重心不穩而引致跌倒的機會便會大大減低。

反過來説，以人類慣常的步行方法，身體重心是保持在兩隻腳之間，當其中一隻腳提起的時候，身體重心並不是在仍踏着地的腳之上方，顯而易見，這種步行模式雖然令人在陸地上可以較快速地行走，但卻也令人在濕滑的地面（例如冰面、雪地等）上很容易滑倒。

相機：α 7RIII，鏡頭：SEL100400GM，光圈：F11，快門：1/1000 秒，ISO：100
正所謂青出於藍，根據筆者的觀察，原來皇帝企鵝寶寶的步行速度竟然比成年企鵝還要快，大家想像得到嗎？

向皇帝企鵝學習

當然我們並不需要像企鵝般，搖頭擺腦地行走（不需要移動頭部來幫助轉移身體重心）。但在冰面或雪地上行走時，我們大可以參考皇帝企鵝的步行方法。我們也應該減少兩手的擺動幅度，以便更容易平衡。

展開南極洲朝聖之旅

簡單的想法，如果想到南極洲遊覽，當然要從南半球的三個大洲出發，它們分別是非洲、大洋洲（澳洲）和南美洲，而當中最接近南極洲的大陸便是南美洲了。如果從大洋洲或非洲啟程前往的話，航程便會遠得多。

筆者首先乘搭多程飛機，最終到達阿根廷最南部城市烏斯懷亞（Ushuaia）[1]，然後便先到旅館休息一晚。第二天的下午，筆者準時到達市內的碼頭等候。該處的工作人員會收集旅客的旅遊證件，代為辦理出境手續和其後回程時的入境手續，基於方便處理和保安考慮，在整個航程中，旅行團營辦商會代旅客們保管旅遊證件。

南緯 60 度以南

讀者可能會問，進出南極洲並不需要辦理出入境手續嗎？這需要從兩方面解答。

（1）根據《南極條約》（Antarctic Treaty）規定，南緯 60 度以南的整個區域被統稱為南極洲區域（Antarctic Territory），這區域內的任何土地和海洋都只能作科研及和平用途，而它凍結了任何國家對南極洲領土的主權要求，所以進出南極洲無須辦理任何國家的出入境手續；

地圖標示
烏斯懷亞（Ushuaia）
https://goo.gl/maps/8Yv6XSqzkqa6pfLD7

地圖標示
威廉斯港（Puerto Williams）
https://goo.gl/maps/2NteeHjP9pdtKShF7

相機：α 7RIII，鏡頭：SEL1224G，光圈：F11，快門：1/400 秒，ISO：200
在阿根廷烏斯懷亞的碼頭內，筆者正準備登上俄羅斯破冰船，往南極洲出發。

（2）但《南極條約》亦規定，任何人進入南極洲區域要先取得通行證，
這證件通常由旅行團營辦商代為辦理，所以在報團前，先跟旅行團營辦
商確認是否會代辦該通行證會較為穩妥。

在黃昏時分，破冰船便正式啟航，向着南方那條令古代探險家們聞風喪
膽的「魔鬼海峽」進發。

註 1：阿根廷的烏斯懷亞在過去有全球最南端城市之稱，但鄰國智利剛剛在 2019 年 5 月底宣佈，將境內的
威廉斯港（Puerto Williams）升格為城市，以便取而代之，成為全球最南端城市。智利政府期望這次
升格可促進威廉斯港的旅遊業發展。

魔鬼海峽

「魔鬼海峽」原名是戴基海峽（Drake Passage）[1]，為甚麼它會被稱為「魔鬼海峽」呢？原來這個海峽非常寬闊，最狹窄的地方也有 800 公里的闊度。海峽下面的冷水流稱為「南極環流」（Antarctic Circumpolar Current），它會環繞着南極洲流動，將南極洲以外的暖水流擋開，而峽內並沒有大塊的土地從中將其阻擋，因此海峽內的水流頗急。另一方面，這裏也經常會颳起大西風。當這兩個因素匯合起來，峽內便會出現風高浪急的情況，所翻起的巨浪更常常可達到數層樓的高度，將駛經的船隻推湧至搖擺不定，甚至是大幅傾側的地步，所以這海峽被視為世界上最危險的航道之一。

霧繞南冰洋

另一方面，因為在海峽內，南極環流的冷水流與北面的暖水流相遇，所以在這兩股水流的分界處便經常會霧氣連綿。試想想，兩、三百年前的海員在橫越這海峽的時候，先遇到被濃霧包圍的詭異氣氛，再遇上嚇人的驚濤駭浪，這會是多麼讓人恐懼的景象呢？

地圖標示

戴基海峽
（Drake Passage）
https://goo.gl/maps/
vhFZfinJtzvB5T3n8

海盜船機動遊戲

這個海峽的別稱在旅客中可說是如雷貫耳，根據部份曾到過南極洲的同船旅客所形容，當船隻駛進這海峽時，便有如進入了一部開動中洗衣機的內部一般，會令到船員和旅客感到暈頭轉向，非常不適。如果遇着洶湧巨浪的時候，船身的傾側度更可高至 30 至 40 度，旅客會感到像是正在玩持續不斷的機動遊戲「海盜船」一般，非常可怕。當時筆者確實也對通過這海峽的一段行程頗為擔心，因為真的很害怕玩停不了的「海盜船」，那種感覺實在要命。所以在大半天前，筆者便開始使用暈浪藥，誰知當筆者所乘坐的破冰船穿越這海峽時，卻航行得頗為平穩，只有一晚深夜時分，船隻經歷數小時稍強烈的搖晃，原來當時正有兩股風暴先後吹襲這海峽，而筆者的船隻適時地在它們之間經過，所以海面是較為平靜。

Drake Lake 和 Drake Shake

原來外國人對戴基海峽有兩個稱呼，分別是 Drake Lake 和 Drake Shake，兩者發音相近，但意義卻完全不同，它們是分別用來形容在戴基海峽內所出現的兩種完全相反狀況。相信筆者所遇上風平浪靜的情景，便是 Drake Lake（筆者譯為：戴基湖）的時刻。而眾人所擔心會遇上的「魔鬼海峽」情景，便應該是 Drake Shake（筆者譯為：戴基搖）的時刻了。

註 1：內地譯名是「德雷克海峽」、台灣譯名是「德瑞克海峽」。

第一章

南極帝皇──皇帝企鵝

相機：α7RIII，鏡頭：SEL1224G，光圈：F11，快門：1/250秒，ISO：125

烏斯懷亞的雪山美景令人難忘，所以筆者建議大家在此多留一兩天遊覽。

地球上的最純美天地

通過魔鬼海峽後，出現在筆者眼前的已是另一番的景象，筆者像是進入了另一個世界，另一個時空似的，地球上實在沒有任何一個地方可以與之相比。

這裏沒有了那種在大海中翻湧的波濤，大家只能聽到微微的浪聲，海浪輕敲着破冰船的船身，像是要避免南極洲過份寂靜，像是不想岸邊的企鵝們過於孤清。

這時，筆者所看到的盡是漂浮於海上的巨大冰山，有些是雪白的，有些卻是淺藍的。[1] 在一片白茫茫的純美雪景中，微微的淺藍光線從中滲透而出，雖然世界上也有許多白皚皚的雪山美景，但它們總給人巍峨聳立、高高在上的感覺，令人有一份無以名狀的壓迫感。但這裏的一切，給人的感覺卻盡是平和淡泊。對筆者來說，這裏遠離塵世，是那麼的純美，沒有半絲的俗艷，過往從來沒有一處地方能給予筆者如斯夢幻的感覺。可能有人會覺得這裏單調乏味，色彩欠奉，但色彩只是對感覺的其中一種刺激；在這裏，自然氣息早已滲入人的毛孔、透遍全身，那份感覺沒能解釋，也無法形容，任何人如置身其中，當會發現在不知不覺間，自身原來早已融入其內，人與景物間那一絲的距離，原來早已不復存在。

註1：當時筆者不甚了解箇中的分別，其後在冰川學家的解說下，才得知淺藍色的冰是來自冰川，在經歷數萬年的壓力下，內裏的空氣已被完全擠壓出來，這些內裏沒有空氣的冰便變成淺藍色。再經過南極高山冰川向海上推移，沿岸的冰川崩塌出來，便變成浮游於海上的淺藍色冰山了。

相機：α 7RIII，鏡頭：SEL100400GM，光圈：F11，快門：1/400 秒，ISO：200
南極洲是地球上最純美的天地，實在難以用筆墨來形容。

如果以皇帝企鵝的角度去看這片白色世界，可能並沒甚麼特別。在牠們
的這個居停之中，只有冰，只有雪，簡簡單單，一切都來得這麼的理所
當然。對牠們來說，所需要的亦只是冰，只是雪，確實無須其他。

此刻，黎明時分，晨曦的柔和光線讓海面映出完美的冰山雪景，這一面
從來沒有預期的「南極之鏡」，相信定會讓筆者念記一生。反過來説，
如果筆者並不是黎明或黃昏時分到來，陽光便會較為強烈，光線的角度
也較為垂直，結果便不會出現冰山的倒影了。

遇上南極光

因為地球磁場軸心偏移的關係，地球的磁場南極（Geomagnetic South Pole）是在鄰近澳洲和新西蘭那一方的南極洲區域上，所以如果要觀賞南極光的話，較理想的地點會在澳洲南部和新西蘭南部。坊間有說法指在南美洲的南部也可以看到南極光，筆者在這裏明確地指出，這個機會其實相當渺茫。如果大家想了解多一些有關觀賞南極光和北極光的竅門，可參考筆者的另一本著作《環球極光攻略》，內裏會有詳細說明，在這裏便不作細述了。

筆者過往曾到過澳洲和新西蘭等地觀賞南極光，但如果能在南極洲觀看南極光的話，大家可感到當中那一重特別的意義。

在南極洲看南極光

可是說實話，到南極洲遊覽的旅客通常都不會看到南極光，這是因為在南極的旅遊季開始時，南極洲便已經處於極晝（即 24 小時不落日）的日子，在這段期間，天空再也沒有黑夜，所以縱使南極光在天空中飛舞，強烈的陽光也會將其掩蓋。換句話說，在南極洲內觀看南極光的這種機會，可說是只有長駐當地的科研和工作人員才擁有的專利，而對筆者這些瘋愛極光的狂熱分子來說，卻只能是一個不可能實現的幻想。

但因為筆者的這趟旅程跟市場上提供的其他行程有所不同，在還未進入南極的旅遊季節前，旅程便已開始。所以根據筆者的預先推算，旅程中有數晚有機會可以看到南極光。當然這也要視乎運氣，如果這數晚也烏雲蓋天的話，極光便會被雲層所遮蓋，而筆者觀看南極光的大計也只能泡湯了。

結果等了又等，終於在旅程中的一個晚上，筆者在南極洲看到了夢寐以求的南極光，而在這一刻，筆者真有圓夢的感覺。

否定極光導遊的謬論

經過筆者這次親身觀察後，也特別在此向大家明確否定坊間一些極光旅行團導遊的謬論。

他們指出：因為在南半球上空的空氣粒子成份與北半球上空的有所分別，所以南極光與北極光的顏色便有很大的差別了，北極光會偏向綠色，而南極光會偏向紅色。其實大家只要想深一層，便知道這些只是他們的胡亂想法，毫無科學根據。

難道他們會認為，南半球居民呼吸的空氣跟北半球居民所呼吸的，是有差別的嗎？我們在小學時期已懂得在空氣中，有 21% 是氧氣，78% 是氮氣，怎麼從他們口中，這些長久以來經科學家們證實了的常識卻又變了另一回事呢？

其實顏色的分別只是源於觀看極光時的角度問題。當筆者在南極洲時，因為身處極光地帶內，所以抬頭仰望時，所看到的南極光，無論在顏色（在當晚 KP2 的偏低極光指數下，以綠色為主）和形態上，都跟筆者在北歐和北美的極光地帶內，所看到的北極光沒有分別。而在澳洲和新西蘭時，因為與極光地帶距離很遠的關係，我們所看到的南極光便好像是停留在遠方的水平線上，換句話說，我們通常是從側面的角度觀看南極光，故此便可以看到較高層的紅色極光了。

如果大家想了解得更詳細，請參考筆者另一本著作《環球極光攻略》。

第一章

南極帝皇——皇帝企鵝

相機：α7RIII，鏡頭：SEL1635GM，光圈：F2.8，快門：1.6 秒，ISO：3200

筆者與兩位日本少女終於在破冰船上一起看到了南極光，船上的工作人員說，相信筆者是首位在南極洲航程中，拍攝到南極光的旅客。

真正的破冰船

坊間有很多朋友誤解了，以為在南極洲海域內，到處都是冰，所以一定要用破冰船（icebreaker）才能航行。這個想法其實是一種誤解，因為它忽略了在該海域航行的一個重要考慮因素——季節。

破冰船、強化船和郵輪的分別

南極洲的旅遊旺季在每年的 11 月底才開始，因為南半球剛踏入夏季，天氣回暖，旅客較容易適應。而航道上許多海冰亦已融解或已碎裂成較細小的冰塊，所以如果這時在南極洲海域航行的話，便不需要使用昂貴的破冰船了。況且船如其名，破冰船的主要用途是破冰，所以在龍骨和平衡裝置的設計上有大幅的改動，引致它在大海上平穩地航行的能力比其他船隻遜色得多。因此如非必要的話，強化船（ice-strengthened ship）和郵輪便一定是南極洲旅程中會採用的海上交通工具。

相信大家也明白甚麼是郵輪，所以筆者在此便也不作解釋。但甚麼是強化船呢？便讓筆者簡單的介紹一下。

將強化船與普通船隻相比，強化船船身的堅固度會被大幅加強，以便當船身碰撞到海冰的時候，也能抵擋。但要留意，強化船並沒有破冰的能力，所以在引擎馬力及船身堅固度的要求上，又會大幅低過破冰船。

破冰有極限

另一方面，大家也不要以為破冰船像擁有超能力般，甚麼厚度的海冰也能破開，「破冰」與「破浪」在字面上看來非常相似，但卻完全是兩碼子的事情，大家千萬不要誤會破冰船有「冰上行舟」般的能力。

相機：α7RIII，鏡頭：SEL1224G，光圈：F13，快門：1/400 秒，ISO：100

船長：慘了！破冰船給冰雪圍困着，可以怎麼辦呢？

筆者：沒問題，我替你把它拉出來。（一笑）

其實破冰船的破冰能力除了依靠引擎的馬力外，更重要的是船身的堅固度和破冰船的重量。當破冰船遇上薄冰的時候，堅固的船頭很容易便能將海冰直接破開，船身也不會有多少顛簸。但當遇上較厚的海冰時，破冰船便需要將船頭衝上冰面之上，然後以自身的重量從上而下將冰面壓破。但任何事情也有一個限度，所以當遇上非常厚的海冰時，破冰船的船長也只能「望冰輕嘆」，無可奈何！而在一些極端的天氣下，甚至破冰船也可能無力應付，結果被厚厚的海冰所圍困。過去報章上也曾有報道，被圍困的破冰船需要待天氣好轉，冰雪融化後，才能脫離困境呢！

勇闖雪丘島

經過兩天的航程，筆者突然感到破冰船的船身有劇烈震動，船頭也發出巨大的聲響，心想破冰船應該剛進入了密集的浮冰區域，所以需要破冰才能繼續前行。筆者便立即跑到甲板上看過究竟，畢竟筆者生於香港這個亞熱帶地方，今趟還是首次乘搭破冰船，感覺新奇也是必然的呢！

通過數個浮冰密集區域後，破冰船終於到達了圍繞着雪丘島的海冰，船長觀察海冰的情況後，便下令慢慢地提高破冰船的馬力，然後向着心中選定的位置撞擊，結果馬上便將半艘船破入了海冰之內了，然後破冰船便倚着這處海冰裂縫停泊。

這時，筆者其實還未到達皇帝企鵝的棲息地，因為棲息地其實離岸邊甚遠，所以如果要看到數以千計的皇帝企鵝的話，便一定要再往內陸進發。從海冰沿岸算起，需要再深入大約數十公里。縱使破冰船有破冰的能力，但當然亦有其限制，大家也明白沒有理由要求破冰船去繼續破冰數十公里吧！所以這最後的距離，便要由直升機和參加者的雙腿去完成了。

視頻顯示 破冰時刻

Facebook

Youtube

破冰船上配備兩台直升機，不停地將參加者從破冰船運載到海冰上的着陸點。

破冰船 + 直升機 + 雪地遠足

為甚麼要動用直升機呢？在雪地上的運輸，不是應該選用機動雪橇嗎？其實南極洲的海冰並不是完全平坦，在一些海冰上會有凸起的冰脊，而一些海冰卻又可能很薄，不足以承托一個人的體重，當然更不可能承托機動雪橇的重量。此外，以機動雪橇作長距離的運輸，費時失事，運載成本也更重，而且船上也決不可能安排數十部機動雪橇和數十位駕駛員，所以直升機確實是唯一可行的交通接駁工具。

在筆者所乘搭的破冰船上，設有兩部直升機，會不停運載參加者到海冰上的着陸點。這着陸點與皇帝企鵝棲息地的距離約 1.4 公里，直升機在這麼遠的地方着陸是為了不會影響到皇帝企鵝的生活。而直升機的着陸點也經過工作人員細心揀選，確保着陸點遠離企鵝們的行走路線，而着陸點的海冰當然也要足以承托直升機的重量。

相機：α 7SII，鏡頭：SEL2470GM，光圈：F11，快門：1/640 秒，ISO：80

筆者和其他參加者正徒步前往皇帝企鵝的棲息地。而旁邊的是南極冰川崩裂出來的
巨型藍色冰塊，它本來在海上漂浮，但在冬季時，周圍的海水凝結成海冰，結果這
巨型的萬年冰塊也給暫時封印在這裏。

相機：α 7RIII，鏡頭：SEL100400GM，光圈：F16，快門：1/640 秒，ISO：100

南極的環境，令人有置身地球以外的感覺。

好了，當直升機在海冰上安全降落後，參加者便要以在雪地徒步的方式前往皇帝企鵝的棲息地了。

步行路線先由冰川學家實地考察後訂定，確保沿路的海冰有足夠厚度和承托力，參加者只要依照沿路標示的旗幟而行，便非常安全。在首天登陸南極洲的行程中，筆者被編排入首隊登陸的隊伍，當時自然是雀躍萬分，但原來最早起行的參加者，將會遇到最大的困難。

在筆者原來的預期下，這短短的 1.4 公里步行路程應該不用花太多時間，相信在 20 分鐘內當可完成。誰知道原來路上積雪很厚，在某些路段，當筆者踏在鬆軟的雪路上時，半個身子竟然即時陷入雪內，令筆者狼狽非常，結果筆者要用上 75 分鐘的時間才能走完這 1.4 公里的雪路。對部份年紀較大的參加者來說，這一段路程已經超出了他們的體能極限。結果在首天前往棲息地的行程中，他們便只能無奈棄權，與皇帝企鵝們緣慳一面了。其後的登陸隊伍沿着筆者隊伍剛踏過的雪路而行，實在輕鬆多了，因為雪路經我們踏過後，已由鬆軟變得較為堅實。

觀察皇帝企鵝的方法

企鵝是沒有攻擊性的動物，所以在觀賞企鵝時，便少了一重顧慮。但企鵝的視力其實頗佳，為免影響企鵝，筆者依據守則，採取遠距離的觀察方法。

30 公尺守則

相信大家也聽聞，在觀察野生企鵝時，要與企鵝保持 5 公尺的距離，但這只是針對一般企鵝而言。在觀察企鵝的守則上，皇帝企鵝卻被視為特殊分子，觀察牠的距離限制被大幅增加 5 倍至 30 公尺。

在參加者未到達棲息地前，工作人員會預先在地上放上繩子作為標示，以便參加者明確知道繩子與皇帝企鵝的距離便是 30 公尺。參加者只要沒有逾越這根繩子，便是恪守 30 公尺的守則了。

超強的好奇心

由於成年的皇帝企鵝在陸上沒有天敵，所以養成了牠們在陸上甚麼也不怕的性格。換句話說，其實皇帝企鵝並不害怕人類。

很多時候，反而是皇帝企鵝主動打破禁忌，徐徐地步行到人的周圍觀望。有些時候，牠甚至會步行到與人只相距 1 公尺的地方才停下來，然後牠會好像很細意地觀察着這個人，甚至會搖頭擺腦，像是在思考究竟這是甚麼生物似的？在這情況下，參加者是否犯規和需要相應退後以便避開皇帝企鵝呢？

相機：α7SII，鏡頭：SEL2470GM，光圈：F16，快門：1/1000 秒，ISO：100

筆者依據規則，留在 30 公尺外的範圍（地上的繩子標示為限），但好奇的皇帝企鵝明白筆者沒有惡意，反而會主動走過來，「反觀察」筆者這種奇怪生物。

其實訂立這 30 公尺規則的主要目的，是要確保皇帝企鵝可以在自己的領域內安心生活，而參加者又可以同時觀察到牠們，與大家到香港的米埔自然保護區遠距離觀賞雀鳥的情況相似。所以參加者這時可以選擇：一、靜止不動，讓皇帝企鵝繼續走近；或二、慢慢後退以便拉闊與牠的距離。但有一個重要守則卻一定要銘記於心和嚴格遵守，便是不論是否皇帝企鵝採取主動，也一定不可以觸碰牠們。

企鵝危機

氣候暖化──海冰失衡

根據氣候學家預測，地球暖化將會令到在南極洲海域內的海冰形成產生很大和難以預期的變化。

前文提及的阿德利企鵝雖然也在南極洲居住，但牠們並不喜歡冰雪。可是在 2017 年，在阿德利企鵝的一個繁殖地──阿德利灣（Terre Adélie），岸邊突然凝結了大範圍的海冰，引致阿德利企鵝父母需要步行很長距離才能回到海上覓食。當牠們帶着食物回來，準備餵哺自己的孩子時，才發現一切已經太遲，絕大部份的企鵝寶寶已經餓死。在這海灣約有 18,000 對阿德利企鵝居住，但生物學家發現竟然只有兩隻企鵝寶寶僥倖生還，情況絕對可以用慘烈來形容。

氣候暖化──沙漠降雨

南極洲有「白色沙漠」（White Desert）之稱，大家可能會覺得很奇怪，怎麼南極洲會被稱為沙漠呢？這是因為當地降雨量極少，雨量其實比很多處於熱帶地區的沙漠更少，例如非洲的撒哈拉沙漠等。根據研究資料顯示，南極洲平均每年的降雨和降雪量約為 15 厘米（以融解為水後計量），數字大幅低於沙漠的定義（每年少於 25 厘米）。這種乾燥的生活環境對企鵝的生存非常重要，因為企鵝寶寶身上的初生羽毛並沒有多大的防水功能，如果羽毛被雨水沾濕，而寒冷的風暴又隨即來襲的話，全身羽毛濕透的企鵝寶寶實在難以抵受這麼嚴寒的氣溫，最壞的情況是因此失溫至死。

在地球氣候暖化的情形下，南極洲的降雨次數增多已成為必然的趨勢，生物學家已指出增多的降雨與部份區域的企鵝寶寶大規模死亡事件有明顯的關係，當中最著名的是在 2014 年發生南極洲的阿德利企鵝大規模死亡事件，發生地點也是在阿德利灣，當時甚至沒有企鵝寶寶能逃過劫數。

氣候暖化──冰川融化

隨着氣候暖化，科學家已預期有大量的冰川會在本世紀完結前融化，北半球格陵蘭內的冰川不斷地融化縮小，早已是一個人所共知的例子。南極洲的冰川無可避免地將會步其後塵（縱使暫時仍受冰冷的南極環流所保護），慢慢融化縮小，企鵝的生活亦自然將會受到嚴重的影響。

磷蝦爭奪戰

磷蝦是浮游於海面的細小甲殼類生物，外形與我們經常看到的海蝦非常相似，但牠們並不是同類。我們可以簡單地從其鰓部看出牠們之間的分別，磷蝦的鰓部生於甲殼的外面，而海蝦的鰓部卻藏在甲殼之內。另一方面，磷蝦的體形較海蝦細小得多。

磷蝦是南極生物鏈中最重要的一環，企鵝、鯨魚、鯨鯊、信天翁、海豹及其他鳥類和魚類等都以磷蝦作為食糧，又或間接地依賴牠而生活。不說不知，成年的座頭鯨每天會吃兩餐，而每餐可吃 1 公噸的磷蝦或其他浮游生物。

現在市面上，有說法不斷地將磷蝦吹捧為健康食品，說磷蝦含有豐富營養，功效神奇，這無形中推高了人們對磷蝦的需求。簡單來說，人類現正在搶奪南極生物的主要食糧。又有一個說法指出，磷蝦的數量龐大，人類現在只是捕捉一點點、只佔磷蝦總量的非常小部份，對南極動物不會有影響。但食物減少又怎會不影響依賴其為生的生物呢？在氣候轉變的環境下，南極的食物鏈並不穩定，其實海水溫度的轉變對磷蝦的分佈已經能產生極大的影響，南極生物是否能適應磷蝦分佈的最新轉變，也確實值得懷疑。

相機：α 7RIII，鏡頭：SEL100400GM，光圈：F16，快門：1/800 秒，ISO：160
筆者今趟看到了一個很暖和的南極洲，大家看到地面上水潭處處，當可知日間的溫度長期在攝氏零度以上。

不少人亦聲稱希望數量急促下降的生物如鯨魚、鯨鯊等，數量可以重新回升，但難以理解地，人們又同時認為搶奪牠們的食物（磷蝦），並不會影響到牠們的生存和繁殖空間？我們人類已在地球上拿得太多，請大家停下來想一想，不要跟南極的生物爭奪食物了，更加千萬不要購買任何含有磷蝦成份的產品，讓南極的生物能有一些喘息的空間，也為南極生物的生存盡一分力。

企鵝精神

筆者在預定六天的登陸行程中，因為其中兩天的天氣實在太惡劣的關係，結果只能夠成功登陸四天。而在這四天觀察皇帝企鵝的過程中，不論在天朗氣清、陰雲密佈，或是狂風暴雪的環境下，筆者都清楚看到皇帝企鵝之間存在着頻繁的互動交流。無論是在成年企鵝之間、在小企鵝之間，甚至是在成年企鵝與小企鵝之間，交流都明顯存在。這與從前筆者對企鵝的印象實在有很大的落差，可能這便是喜歡互相照應、互相合作的皇帝企鵝與其他種類企鵝的不同之處。

另一方面，在良好穩定的環境下，皇帝企鵝便會分散開來活動，擴闊學習和發展空間；在面對惡劣多變的環境時，牠們又會聚集起來，從而避險和提高生存機會。看準機會，莊敬自強，開拓自我的發揮空間，這便是企鵝的生存態度；守望相助，互動合作，一起對抗逆境冷風，這便是企鵝的群體精神。面對這在自然界高度進化的帝皇，牠的生存態度和精神，讓筆者受教了。

筆者在今次旅程所看到的和了解到的，其實當中有很多在企鵝紀錄片內也未有提及，確實讓筆者眼界大開，獲益良多，俗語說：「讀萬卷書不如行萬里路」，筆者對此深信不疑。

相機：α7RIII，鏡頭：SEL100400GM，光圈：F16，快門：1/800 秒，ISO：160

互相合作是對抗逆境的不二法門，再加上一切皆以因應環境，順乎自然的原則出發，盡顯皇帝企鵝睿智的生活態度。

生態保育——南極嚴禁犬隻

從前探險家到南極洲時，都會帶着雪地工作犬以作為拉動雪橇之用。但由於害怕犬隻可能會將狂犬病（又稱瘋狗症）傳染給南極的海豹，也害怕走失的犬隻會襲擊南極的野生動物，所以《南極條約》中的環境保護協議訂明，所有犬隻都需要在 1994 年 4 月前遷離南極洲。自此以後，便再沒有雪地工作犬在南極洲生活了。這禁令反映了人們對物種遷移所帶來潛在風險的重視，對南極的環境保育邁出了重要的一步，可惜這一步也帶來了事前沒有預期的傷感。

傷感回歸

其實在數代以前，這些雪地工作犬已開始在南極洲生活，跟南極洲以外的世界已經分開了數十年，所以當牠們遷回各地（例如南美洲和加拿大）時，其實並沒有對當時犬隻間流行病毒的抵抗能力，結果這些工作犬在回歸後的首年便大量死亡，最終生存下來的只有極少數。其實這些犬隻當時都有定期進行狂犬病的防疫注射，如果當年能以絕育的方法讓牠們繼續在南極洲上生活、終老，相信對這些工作犬和跟牠們感情深厚的南極工作人員們都會更為合適。

除了犬隻外，其他非南極洲原居的物種也被禁止帶入南極洲內。不知道大家還記得前文提及的小豬托比嗎？如果托比是生活在現代的話，相信牠一定沒有機會去完成兩次遠赴南極洲的壯舉了。

從前的人類對物種的遷移所引致的問題並不了解，也不太在意。其實當一個外來物種到達一個新的地方，在沒有天敵的制衡下，也可能會出現

爆發性的繁殖，原來物種也可能會被其直接攻擊，或食物被其搶奪，甚至合適的生存環境會被其所破壞殆盡。相信大家也知道野兔在新西蘭田野間肆虐、獅子魚在中美洲海域氾濫成災和鯉魚佔領北美湖泊等耳熟能詳的事件，例子之多，確實不勝枚舉。

在香港的新聞報道中，外來物種在野外被胡亂放生的新聞也不時出現，例如著名的山貝河鱷魚事件等。

希望未來人們對物種遷移有更多的關注，千萬不要將外來物種擅自遷移到其他地方。

所有犬隻都被禁止在南極洲內生活，包括過往在南極探險中擔當重任的雪地工作犬。（註：圖中犬隻並非曾在南極洲工作過）
（圖片來源：Pixabay）

物種遷移
——當北極熊遷居南極洲

現在媒體都喜歡以海冰減少，北極熊難以覓食來作為地球氣候暖化的象徵，而為了挽救北極熊，以免牠受到絕種的厄運，網絡上有些聲音，指出應該考慮讓北極熊遷居到南極洲。

在南極洲的海冰上，生物一般都是懶洋洋的，因為根本沒有天敵在陸地和大塊的海冰上覓食，牠們睡覺的睡覺，閒逛的閒逛，一副悠然自得的態度。換句話說，牠們並沒有任何在陸地和海冰上的防衛機制，對陸上防衛也沒有多少意識。

如果將北極熊這種頂級掠食性猛獸遷移到南極洲的話，毫無疑問，陸上的瘋狂殺戮必定即時發生，原生的動物根本無法逃過被殺的厄運，因為牠們根本不會料到在陸地和海冰上會有危險。

所以這種人為的物種遷移必須三思，也必須禁止，否則救得了北極熊，卻救不了企鵝。幸好《南極條約》嚴禁將物種遷移至南極洲，否則如有人恣意妄為的話，定會招致南極洲內出現生靈塗炭的後果。

物種遷移
——當企鵝遷居北極圈

反過來說，如果將南半球的企鵝遷居到北極圈，又預期會有甚麼樣的結果呢？其實很多年前，已經有人嘗試過在北極圈內放生少量企鵝，但牠們明顯地並沒有成功在野外自然繁衍下去。究其原因，首先北極圈內有很多陸上獵獸，企鵝能否應付已經是一大疑問，另一方面，當地亦有跟企鵝形態相近，但更加會在天上飛行的海鸚等競爭對手，企鵝能否在競爭中勝出，便是另一疑問了。

面臨絕種的企鵝

根據國際自然保護聯盟[1]指出，皇帝企鵝數目達至 60 萬隻，所以現在處於《國際自然保護聯盟瀕危物種紅色名錄》[2] 中的「近危」（Near Threatened）級別上，屬於名錄上的低風險物種，現時並沒有絕種的風險。

然而企鵝類中的黃眼企鵝已屬於「瀕危」（Endangered）級別，現存只有 4,000 隻，面對絕種的風險極高。筆者曾在新西蘭看到牠們的蹤跡，但看到牠們的棲息地附近，聚居着大量海豹，實在讓人擔心。

新西蘭的黃眼企鵝

註 1：International Union for Conservation of Nature and Natural Resources （簡稱 IUCN）
註 2：IUCN Red List of Threatened Species

南極洲旅程的選擇

（1）建議預算較長的旅程時間

筆者明白到上班族的假期非常寶貴，普遍難以申請到較長的假期，所以總希望能夠將行程盡量壓縮，以便可以用最短的時間達成踏足南極洲的心願。所以上班族可能會考慮參加那些標榜從南美洲南部起航，以八天的時間來回南極洲遊覽的旅程。

這類旅程看似吸引，時間較短，價格也較相宜，但其實卻有多數參加者預想不到的風險。因為航程必須經過俗稱「魔鬼海峽」的戴基海峽，在無風無浪的情況下，一來一回便已需時四天。但如果船長預期在航程中會遇到風暴的話，船隻便需要暫時停航以便避過風暴，這會引致航行時間的延長，在一些情況下，延遲的時間甚至會達到兩天。假如預測到其後回程時，天氣會轉壞，甚至受到風暴影響的話，船隻便需要提早回航，這又可能會損失了兩天時間，最終結果是旅程要以八天的時間在海上航行，旅客根本沒有機會登上南極洲，只能遠觀一會兒，便要啟程回航。上述情況並不是説笑，是一些旅客過往的真實經歷。

另一方面，即使已到達南極洲沿岸，工作人員也要等待南極洲的天氣較穩定時，才會讓旅客登陸南極洲，所以要在船上等候多一、兩天，並不是甚麼值得奇怪的事情呢。

換言之，在八天的行程中，如果旅客能登陸一、兩天，已經是值得慶幸的事情。所以筆者還是建議大家選擇一些在南極洲逗留久一點的旅程，這會較為穩妥。

（2）可選擇南喬治亞島和福克蘭群島

如果想看到成千上萬的企鵝聚集在一起的震撼場面，筆者建議大家往南喬治亞島和福克蘭群島，那裏有很多國王企鵝聚居繁殖，雖然這些島嶼屬於亞南極區域，而不是在南極洲區域內，但以觀鳥的角度來看，那裏確是一處會讓人目不暇及的地方，堪稱雀鳥天堂。另一方面，有一些航程會主力遊覽南喬治亞島和福克蘭群島，然後再前往南極半島四、五天，一心要踏足南極洲的旅客也可以選擇這類行程。

但要留意，在上世紀 80 年代，曾發生著名的福克蘭群島戰爭，所以福克蘭群島上仍然有一些未完成清理的地雷區域，旅客在這些區域遊覽時，務必要小心，嚴格遵守告示，千萬不可亂闖。

（3）南極洲的旅遊季節

在每年的 11 月底開始，因為這時，南極洲進入了夏天，海面上的冰塊較少，船隻航行較容易。另外也不會太寒冷，旅客可以從容應付。在這段期間，日照的時間也很長，旅客觀賞南極洲的時間便更多了。所以大家如果想到南極洲的話，便要留意這短短的四至五個月了。

（4）縮短航行或飛行時間

為了減省船隻在海上的航行時間和避免乘船經過魔鬼海峽時的不適，也可以選擇乘搭飛機跨越魔鬼海峽，到達喬治王島（King George Island）或聯合冰川（Union Glacier）作為南極旅程的起點。

據統計，約有 18% 前往南極洲的旅客並沒有登上南極洲，只是在船上遊覽。如果大家決定不登岸的話，這種遊船河的旅遊方式也可供選擇。

(5) 100 人的限制

根據「國際南極洲旅行團經營者協會」（International Association of Antarctica Tour Operators，簡稱 IAATO）所訂立的守則，每艘到南極洲的船隻（不論郵輪、強化船、破冰船）也只能安排最多 100 名乘客同時踏足南極洲上。所以如果你所乘搭的船有 300 位乘客，工作人員便只能先安排 100 人踏足南極洲，而其餘的 200 人便只能等待或進行其他活動，例如乘搭橡皮艇在海上遊覽、在海灣內划獨木舟等；隨後工作人員便會開始輪換乘客，讓還未踏足南極洲的乘客陸續登陸，但一定會確保同一時間內最多只有 100 名乘客在陸上。因為筆者所乘搭的破冰船只有 99 位乘客，所以船上的所有乘客並不需要輪換，每天都可以長時間（達到七、八小時）留在南極洲上，這特點其實也是筆者選擇這個破冰船旅程的其中一個原因。

(6) 語言

根據 IAATO 的公佈，在 2017 至 2018 年度，約有五萬人到過南極洲，其中以美國人佔比最高，達到 33%，可看到南極洲的旅客以外籍人士居多。而旅程中，在船上可能會有一些關於南極洲生態和地理知識的講座，所以如果不諳英語的話，便要了解該行程是否有適合自己的語言翻譯服務了。

(7) 旅程的焦點

如果大家以為南極洲的所有行程都是大同小異，只是看看冰天雪地的白色世界，這便大錯特錯了，因為每個旅程其實也是針對南極洲的獨有風光和生態。如果閣下只是純粹想看冰天雪地的話，其實在冬季時，捨遠圖近地到日本的北海道便已可以，並不用大費周章，長途跋涉地到地球的另一端呢！

南極洲的行程通常是以所遊覽的區域來劃分，當中營辦商以經營三個主流行程為主，分別為：一、南極半島；二、亞南極區域島嶼（即南喬治亞島和福克蘭群島，但它們並不屬於南極洲區域）；三、羅斯冰架和南極洲東部。但因為每個區域的範圍都非常廣闊，而且也受到旅程長短的限制（短至 8 日，可長至 30 日），所以並不可能安排旅客踏足區域內的每一個觀光點。因此，大家便要依據行程中各觀光點的遊覽重點來作出選擇，揀選真正適合自己的旅行團了。

讓筆者簡單舉兩個例子給大家了解一下。

例子一：
當營辦商 A 和 B 也經營南極半島團時，營辦商 A 的旅行團會帶旅客到布朗海崖（Brown Bluff）看蹦蹦跳跳的阿德利企鵝，但營辦商 B 的旅行團卻不會前往該處，甚至整個行程設計也不會到阿德利企鵝的棲息地，那麼如果你想看到阿德利企鵝的話，營辦商 A 的旅行團便會較適合你。

例子二：
當營辦商 A 經營兩個南極半島團（分別是 C 和 D） 時，這兩個旅行團的觀光點也可能不盡相同，當中旅行團 C 的行程包括到利文斯頓島（Livingston Island）看長冠企鵝，而旅行團 D 的行程並沒有包括該島，那麼如果你想看長冠企鵝的話，旅行團 C 便較適合你的需要了。

換句話說，我們在選擇旅程時，要先將旅程中的每個觀光點記下，然後了解這些觀光點的遊覽重點是否符合自己的旅程目標。

地圖標示

利文斯頓島
（Livingston Island）
https://goo.gl/maps/
iYBuDf4UPSR5faR89

南極洲旅程的遊覽重點可以簡單地分為幾種：觀察鳥類、觀察鯨類、觀察海豹、觀看自然景色、遊覽歷史遺蹟等。筆者特別以表列的形式將每個觀光點的遊覽重點列出供大家參考，讓大家一目了然。請留意，在列表中，所提及的海鳥包括信天翁、巨型海燕、賊鷗、南極海燕等；所提及的鯨魚包括座頭鯨、殺人鯨等。

（8）高昂的旅費

如果你習慣將高昂旅費與豪華享受拉上關係的話，南極洲旅程相信會讓你「耳目一新」，因為旅程的主題是感受自然風貌，而不是豪華的生活享受，船上的服務和設施水平，一般只有兩、三星級的水平（如果你是乘搭郵輪的話，又作別論），所以如果你比較喜歡吃喝玩樂的話，南極洲旅程未必是你所期望的旅程。

（9）天氣變化

南極洲的天氣變幻莫測，行程會隨着天氣轉變而作出相應變動，甚至會因天氣太惡劣而取消某些景點，千萬不要有所不滿，因為一切皆以旅程的安全為最重要的考慮。

（10）講座

很多船上的主要娛樂是一些關於南極洲的環境和生態講座，筆者對此非常欣賞，因為講座的內容非常精彩，部份內容甚至在紀錄片內也未有提及。但對部份旅客來說，又可能會覺得偏向學術性，所以這要視乎旅客的喜好而定。

觀光重點列表：經典南極半島團
（Classic Antarctica Peninsula Tour，從阿根廷或智利出發）

Classic Antarctica Peninsula Tour 經典南極半島團	Sea Birds 海鳥 Sea birds 海鳥	Penguin 企鵝 Adélie Penguin 阿德利企鵝	Chinstrap Penguin 頰帶企鵝	Gentoo Penguin 巴布亞企鵝	Macaroni Penguin 長冠企鵝	Marine animal 海洋生物 Seals 海豹／海獅	Whales 鯨魚	Landscape 風景 Iceberg 冰山	Glacier 冰川	Volcano 火山	History 歷史 Historical Remains 遺跡	Museum 博物館	Post Office & Souvenir Shop 郵局和紀念品店
Aitcho Islands 艾秋群島	✓		✓	✓									
Brown Bluff 布朗海崖		✓		✓									
Cuverville Island 庫伯維爾島	✓			✓									
Danco Island 丹科島	✓			✓			✓						
Deception Island 迪塞普遜島			✓		✓					✓			
Gerlache Strait 傑拉許海峽							✓		✓				
Half Moon Island 半月島	✓		✓		✓			✓					
Hydrurga Rocks 海德魯爾加岩	✓		✓			✓							
Lemaire Channel 勒梅爾海峽	✓						✓		✓				
Livingston Island 利文斯頓島	✓			✓		✓							
Neko Harbour 內科港	✓			✓					✓				
Paradise Bay 天堂灣	✓			✓				✓	✓				
Paulet Island 保萊特島	✓	✓									✓		
Petermann Island 佩德曼島	✓	✓		✓								✓	
Port Lockroy 洛克羅伊港				✓								✓	✓

地圖標示 天堂灣（Paradise Bay）
https://goo.gl/ maps/6iEzDnBx12EzhFmh6

地圖標示 洛克羅伊港（Port Lockroy）
https://goo.gl/ maps/4XDpMpsftymPtUop7

第一章　南極帝皇──皇帝企鵝

138

觀光重點列表：亞南極區域島嶼
（即南喬治亞島和福克蘭群島，從阿根廷或智利出發）

	Sea birds 海鳥	Penguin 企鵝						Marine animal 海洋生物		Landscape 風景	History 歷史
	Sea Birds 海鳥	Chinstrap Penguin 頰帶企鵝	Gentoo Penguin 巴布亞企鵝	King Penguin 國王企鵝	Macaroni Penguin 長冠企鵝	Magellanic Penguin 麥哲倫企鵝	Rockhopper Penguin 跳岩企鵝	Seals 海豹/海獅	Whales 鯨魚	Glacier 冰川	Historical Remains 遺蹟
Subantarctic Region 亞南極區域	✔										
West Point Island 西點島（Falkland Islands 福克蘭群島）	✔						✔				
Carass Island 卡爾卡斯島			✔			✔					
Cooper Bay 庫珀灣（South Georgia Island 南喬治亞島）	✔	✔	✔		✔						
Drygalski Fjord 德里加爾斯基峽灣										✔	
Elephant Island 象島											✔
Godthul 大德蘇爾灣			✔								
Grytviken 古利德維肯									✔		✔
Prion Island 普里昂島								✔	✔		✔
Salisbury Plain 索爾茲伯里里平原				✔							

地圖標示
南喬治亞島
（South Georgia Island）
https://goo.gl/maps/
BN5zDE9b4hD8c2TK8

地圖標示
福克蘭群島
（Falkland Islands）
https://goo.gl/maps/
dfCzWvZK2KTvW8a37

139

觀光重點列表：羅斯冰架和南極洲東部（從新西蘭或澳洲出發）

	Sea birds 海鳥	Penguin 企鵝						Marine Animal 海洋生物	Landscape 風景			History 歷史
		Adélie Penguin 阿德利企鵝	Gentoo Penguin 巴布亞企鵝	King Penguin 國王企鵝	Rockhopper Penguin 跳岩企鵝	Snares Penguin 史納爾企鵝	Yellow-eyed Penguin 黃眼企鵝	Seals 海豹/海獅	Iceberg 冰山	Glacier 冰川	Volcano 火山	Historical Remains 遺蹟
Ross Ice Shelf & East Antarctica 羅斯冰架和南極洲東部	✓								✓	✓	✓	✓
The Snares Islands 斯奈爾斯群島	✓					✓						
Macquarie Island 麥覺理島/麥誇里島	✓		✓	✓	✓			✓				
Commonwealth Bay 大英國協灣	✓	✓						✓				✓
Dumont d'Urville 迪蒙·迪爾維爾	✓	✓						✓		✓		✓
McKellar Islands 麥克拉爾群島	✓								✓	✓		
Carnley Island 卡利島	✓						✓	✓				
Enderby Island 恩德比島	✓						✓	✓				✓

地圖標示

羅斯冰架
（Ross Ice Shelf）
https://goo.gl/maps/qFm52noIPKVkQM9F6

（11）交通工具

大致上可分以下幾類行程：

- 乘船和配合使用橡皮艇登岸；
- 乘豪華郵輪作近岸遠觀；
- 乘飛機從高空鳥瞰；
- 乘飛機登岸行程。

（12）行李重量限制

如果乘搭飛機前往，可容許攜帶的行李重量便會大幅減少，絕對不能與乘搭船隻時相提並論。

（13）南極點行程

如果要到南極點，便必須要乘搭飛機，因為南極點是南極洲最內陸區域。另一方面，相關旅費也極其高昂，是其他南極洲旅程費用的數倍至十倍，達到數十萬港元，費用之高，相信只有一擲千金的人才能負擔。但筆者再重複一次，南極天氣變化很大，飛往南極點的飛機要延遲起飛的機會頗高。

第一章
南極帝皇——皇帝企鵝

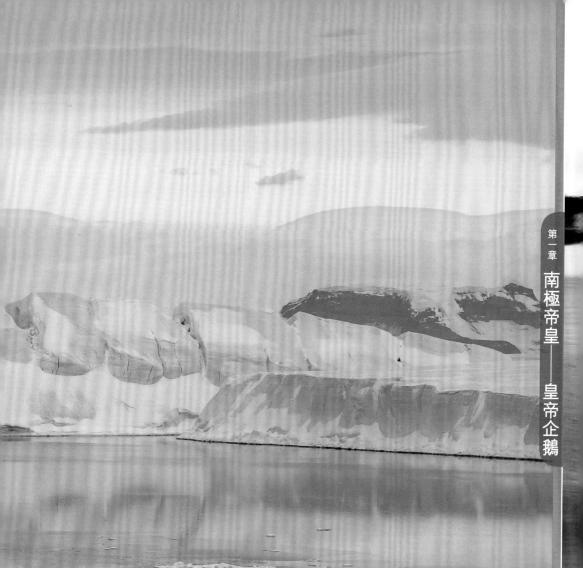

第一章 南極帝皇——皇帝企鵝

相機：α7RⅢ，鏡頭：SEL100400GM，光圈：F11，快門：1/800 秒，ISO：320
南極洲在夏天的時候，氣候相對較和暖穩定。

野生動物的拍攝方法和原則

(1) 攝影器材──長焦鏡

- 拍攝野生動物時，以不干擾到牠們的生活為第一原則，所以長焦距鏡頭是拍攝野生動物的主力裝備；
- 而為了進一步提高拍攝距離的能力，也要攜帶增距鏡以備不時之需；
- 長焦鏡還可以用來壓縮景深，模糊背景，從而將主體凸顯出來。

(2) 攝影器材──中距離鏡頭

- 有些野生動物對人類的好奇心頗大，例如：皇帝企鵝等。縱使參加者在 30 公尺外以長距離拍攝牠們，但牠們有時卻會主動地行近。當這種情況出現時，參加者便有機會近距離拍攝牠們，而使用中距離鏡頭（例如 24-70 毫米）拍攝便會更為合適；
- 有些時候，會有預計不到的情況發生，例如一隻賊鷗突然在你附近降落，這時如果你沒帶備中距離鏡頭的話，便會失掉近距離拍攝的機會；
- 也可用中距離鏡頭來拍攝整個企鵝棲息地的壯觀場面。

(3) 攝影器材──相機

- 拍攝動物很多時需要以牠們的雙眼作為對焦點，這樣才能拍攝到動物的清晰表情；
- 眼睛是動物的靈魂之窗，拍攝動物眼睛絕對能將動物的神韻完整地勾勒出來；
- 眼睛對焦不清的相片，不可能是成功的相片；
- 科技日新月異，市面上已出現備有「動物眼控對焦」功能（Real Time Eye AF for Animals）的相機，例如 SONY α9、α7R III、

α7 III 等，在一定條件下，這功能幾乎都可以精準地完成動物的眼部對焦，以後，生態攝影師在拍攝時便方便得多了。

（4）動物視角

- 低下頭來，跪下來，甚至是伏下來，以野生動物的視角來看牠們的世界；
- 不要以高高在上的人類視角來拍攝動物，人類自稱萬物之靈，但也是這種先入為主的想法限制了自己；
- 如果人類站着拍攝比自己矮小的動物，這種從高而下拍攝方法，很容易令動物顯得渺小，也會不自覺地令牠們在相片中的角色被大幅壓低；
- 以動物視角拍攝，可以令拍攝者代入野生動物的角色看事物，不單新奇有趣，而且能表達動物之間的互動感覺，也更能表達牠們與生活環境的相互關係；
- 以動物的眼睛水平或更低的水平拍攝，絕對能讓你有意想不到的驚喜；
- 不要怕髒，怕髒是當不了好的生態攝影師，弄污了衣服和手腳也可以在之後清洗乾淨啊！

（5）創意

- 攝影是創意的追求，器材裝備的優劣無疑會對你的拍攝構成限制，但盡力利用它們的優點和缺點，發揮創意才是最重要；
- 攝影可以是純粹作為記錄，也可以是對美的追求，因人而異，筆者更認為可考慮在構圖上多加鑽研，提升相片的故事性，豐富相片的內容。

（6）了解拍攝對象——野生動物

- 細心了解拍攝對象，才是攝影師至關重要的能力，不論你是生態攝

影師，還是擅長其他範疇的攝影師；

- 生態攝影師要事先深入了解野生動物的特點和習性，並且在拍攝時實地觀察牠們的行為、生活方式，了解牠們和周圍環境的互動關係，例如：
  - 當你拍攝皇帝企鵝時，您可能會留意到牠們很喜歡找冰來吃，你便可以捕捉牠們吃冰的一剎那；
  - 拍攝皇帝企鵝在棲息地內的活動，可以表達到牠的生活方式；
  - 拍攝皇帝企鵝與在旁邊虎視眈眈的天敵巨型海燕，從而表達捕獵者和被捕獵者間的緊張關係；
- 一張相片所表達的可以勝過千言萬語，請在拍攝前，思考一下，嘗試超越純粹為動物拍攝記錄照片的層面，看看如何用你的相片講述一個動物故事。

(7) 快門

- 拍攝動物通常需要採用較快的快門速度（例如 1/500 秒），畢竟牠們總會不斷移動，如果快門太慢的話，相片便會變很模糊不清。實際上，如果你想要銳利度，你的快門速度越快越好。

(8) 運動模糊模式

- 當動物的速度很快時，可以考慮以運動模糊模式（俗稱 PAN 鏡）拍攝，以慢快門拍攝（例如 1/60 秒），焦點持續對準高速移動中動物的眼睛和頭部位置，以此作為相片的主題區域。如果操作正確，拍出來的相片會顯示在頭部清晰對焦下，部份身體和環境化作模糊一片，表現出動物移動的速度感。

(9) 光圈

- 如果主體是數隻動物，較適宜用 F8 或以上的光圈，以免出現該數隻動物有部份清晰，而部份並不清晰的情況出現；

- 如果主體是一隻動物，可以用 F4 的光圈。

（10）減光鏡

- 在南極冰天雪地的環境下，冰雪會高效地反射陽光，光線會變得過份充足，所以便只有用減光鏡來減弱光線，以免出現曝光過度的情況。

（11）細節

- 毛皮或羽毛中的清晰紋理是生態攝影的重要部份，這方面要以跟動物的距離和長鏡頭的運用來配合。

（12）以 RAW 格式拍攝

- 不要只用 JPG 格式來拍攝，建議使用 RAW 格式拍攝，這樣相片才能作後期處理。

（13）等待

- 等待是拍攝野生動物的基本要求，野生動物並不會像模特兒般在你面前擺姿勢讓你拍照，所以必須要耐心等待；
- 了解野生動物習性後，便能較易掌握牠的行為模式，進而在等待期間，預計到牠的下一步行為，增加成功拍攝的機會。

（14）距離

- 不應阻擋野生動物的活動路徑，讓路給野生動物是必須的，而不應反過來要野生動物讓路給攝影師和參加者；
- 動物在野外生存，總會留意周圍的動靜，確保在遇到危險時，有路徑可以逃生，所以不能與其他人將野生動物團團圍住，這會給牠們帶來壓力；

- 注意野生動物的行為，如果你發現你的行動或存在，令一隻野生動物看起來很激動或是相應地移離，就意味着你可能走得太近，給牠們帶來壓力，你便要在安全的情況下慢慢後退；
- 在拍攝大型和危險的野生動物時，要以長焦鏡拍攝，必須要保持安全距離和遵守專業人員的安全指示。過去曾有攝影師罔顧危險，自行走近危險的野生動物拍攝，結果受襲而死亡，所以切勿以身犯險。

（15）攝影態度

- 作為生態攝影師，首要理念是確保不傷害你拍攝的生物和環境；
- 保持肅靜，不可打擾野生動物和其他參加者；
- 尊重野生動物，要留意拍攝位置，不應阻擋到野生動物的活動；
- 尊重其他攝影師或參加者，絕對不應走到他們前面拍攝，這是嚴重缺德的行為；
- 尊重規則和其他人，不應進入或踐踏已封閉的路徑和區域；
- 嚴守拍攝地點的其他規則。

（16）練習

- 沒有人拿起相機，便立即成為專家，所以多練習是做好事情的不二法門；
- 拍攝野生動物並非易事，只有當你了解牠們和懂得純熟運用你的拍攝器材，拍攝時才會得心應手；
- 到外地拍攝野生動物前，要先在香港嘗試拍攝，熟習操作你的拍攝器材。

（17）三腳架／單腳架

因應個人需要，可考慮使用三腳架或單腳架來進行拍攝。

（18）近距離攝影

- 可以將微形三腳架和微形相機（例如 SONY RX0）安放在預定動物
  會出沒的位置，然後待動物在相機前出現時，再以遙距操作相機，
  拍攝動物的超近距離相片或影片；
- 微形三腳架和微形相機的體積細小，可令動物（例如：企鵝、海豹
  等）安心走近。

將微形相機外接充電器，便可以進行長時間的遙控拍攝，捕捉企鵝走
過來看相機的一刻。

南極旅程必須遵守的事項

(1) 不留下

- 不屬於南極洲的物件，一件也不能留在南極洲上。筆者曾看到一位乘客頭上的絨帽被強風所吹走，數位工作人員便立即狂追那頂帽子，最終把它拾回來，所有人都嚴格確保沒有任何外來的東西留在南極洲上；

(2) 不帶走

- 不能帶走南極洲上的任何東西，不論是從皇帝企鵝身上掉下來的羽毛，或是地上的冰雪，甚至任何看似微不足道的東西，都是不能帶走。如果違反這規定，參加者會被禁止在該行程中，再次踏上南極洲；

(3) 不接觸

- 不可觸碰任何生物，縱使該生物可能對參加者產生好奇，看似想主動觸碰參加者，參加者一定要避免與牠接觸，絕不可碰牠；

(4) 不吃、不喝

- 不能吃或喝南極洲上的任何東西，甚至是地上的冰雪；
- 不能在南極洲上自行飲食，以免將食物碎屑和飲品殘渣遺留在南極洲上，如果這些東西被南極洲上的生物吃了或喝了，便會影響到這些生物，嚴重的更會引致其生病或死亡。所以工作人員為了應付參加者的需要，會搭建臨時帳篷，提供食物和飲品讓參加者在其內享用，在這安排下，便能確保所有的殘渣碎屑只會留在帳篷內，並不會遺留在南極洲上，當然最後帳篷會被整個移回船上，然後再進行

清潔程序；

- 登上南極洲前，不要飲用太多水，因為在寒冷時，膀胱容量會略為縮小，會較平常更需要小便；

(5) 不行方便

- 參加者不可以在南極洲上隨處「方便」。工作人員會安排一個臨時便間讓參加者使用，參加者只能在這便間內如廁。當天的行程完成後，工作人員會將整個便間移回船上，確保不留下任何東西；

(6) 其他

- 保持安靜；
- 確保在工作人員的視線範圍內；
- 必須依從工作人員以旗幟所標示的路徑行走，也要結伴行走，千萬不可單獨行動；
- 如有不適，例如出現失溫症狀：發顫、反應力下降、判斷力下降等，要盡快通知工作人員尋求協助；
- 必須依從工作人員的指示，免生危險。

相機：α7RIII，鏡頭：SEL100400GM，光圈：F16，快門：1/1000 秒，ISO：320
筆者的隊伍在南極洲曾遇上大風雪，需要作出緊急撤離，圖中的帳篷是臨時搭建，每天也會整個包裝好，然後運回船上才清理乾淨。

南極旅程的消毒程序

（1）登上南極洲之前，需要進行一系列的消毒程序，以確保不會將任何有機的東西，例如植物種子、昆蟲、食物等，帶到南極洲境內。所以每一位登上南極洲的參加者及工作人員都需要將外套、袋子、帽子、頸巾、長褲、相機三腳架、鞋子等交予工作人員檢查。檢查人員會仔組檢查這些物品，然後便進行除塵清潔的程序。他們會特別關注鈕扣和拉鏈的位置，也會細心翻開各口袋，因為這些部份通常最容易留有雜物、雜質；

（2）參加者通常會獲發一件簇新的禦寒大衣（因應所選擇的航程而定），這大衣有極強的保暖功能，確保參加者不易着涼；另外，因為這大衣是簇新的關係，也能減少相關的消毒程序；

（3）然後參加者需要仔細閱讀一份聲明書，清楚知悉各類嚴禁帶到南極洲上的東西，再簽署這份聲明書以確認同意遵守聲明書上的各項要求；

（4）在每次登上直升機前，參加者都需要踏入注滿消毒藥水的盤子內，以便將防水靴完全消毒。

完成上述程序後，參加者才可以登上直升機，向南極洲進發。

（5）在回程後，當離開直升機後，參加者也需要踏入注滿消毒藥水的盤子內，以便將防水靴完全消毒。工作人員也會再以清水沖洗參加者的防水靴。

消毒程序——以消毒藥水泡浸水靴。

南極的穿衣方法

在筆者的另一本著作《環球極光攻略》中，曾提及如果到寒冷的地方看極光，筆者推薦採用「洋蔥式穿衣法」，即是多穿着幾件暖衣。但如果要到南極洲遊覽，「玉米式穿衣法」卻會是較可取的選擇。

筆者在南極洲的時候，曾看到有參加者為了應付南極的寒冷天氣，穿了六、七件寒衣，結果汗流浹背，要不斷的脫掉衣服和將汗抹掉，情況非當狼狽。其實要避免因過份穿衣而流汗，因為又冷又熱也容易生病。

在南極洲上，其實溫度相對穩定（總是寒冷），另外參加者也不需要經常進出溫差極大的戶外和戶內，所以內裏穿上薄薄和鬆身的暖衣，外加一件厚厚的防水禦寒大褸，會是一個較合適的穿衣方法。

但請大家緊記，南極洲的天氣變幻莫測，不要以為早上天氣好，較和暖，下午的氣溫便一定會持續上升，然後便自以為理所當然地穿少一點衣服。根據筆者的經驗，南極洲的天氣變化很大，在一天之內，上午與下午的天氣可以有天壤之別，所以大家一定要穿着充足。而且如果在登上南極洲後，才發現不夠衣服，在那冰天雪地的野外環境下，大家覺得還會有添衣的機會嗎？

至於絨帽和頸巾，便要選擇編織密度較高的款式，以便抵禦南極的強勁寒風。當風暴太強勁的時候，吹到臉上的雪花會讓人有刮臉的刺痛感，可將頸巾拉上以保護臉部，而筆者更另外特別戴上護臉罩，增加多一重保護。

防水保暖手套是必須的，如果可以將暖包放於手套內，效果一定更佳，當然也可以選用接駁 USB 電源的保暖手套，悉隨尊便。

暖包是南極旅客的良伴，但要注意確保不會大意地將暖包留在南極洲上。

必須要佩戴太陽眼鏡，不要以為皇帝企鵝沒有戴上太陽眼鏡，便以為處身南極的人類也沒有這個需要。根據同船的冰川學家指出，海冰反射太陽光的能力可達到 90%，所以當我們站在南極洲上的時候，我們會被相等於 1.9 個太陽照射着。如果我們不戴上太陽眼鏡的話，陽光中強烈的紫外線便能傷害到我們的視網膜，嚴重時會引致雪盲症。筆者在船上的一位日本朋友，也因為輕視太陽光的威力，沒有戴上太陽眼鏡，結果得了雪盲症，看不見東西，幸好閉上眼睛休息一整天後，視力逐漸恢復；船上的醫生說她已相當幸運，因為通常要更長的時間才可復原。<u>為了能得到更佳的眼睛保護，筆者提議使用滑雪時佩戴的太陽護目鏡</u>，便可又緊貼臉部保護眼睛，也可應付暴風雪吹襲時出現的情況。

必須要塗上防曬太陽油，以免受到紫外線的傷害。即使筆者已在行程中做足太陽油的防曬措施，但回程後也常常被朋友詢問，我是否剛到過炎熱的熱帶地方旅行呢！

羊毛襪不要只穿一對，穿兩對較好，再依據情況使用保護腳掌的暖包便更佳了。千萬要讓腳掌保持溫暖，否則那種寒冷刺骨的感覺絕對讓人難受。

可攜帶冰爪作準備，方便在冰雪上行走，但如果旅行團營辦商有提供保暖防水長靴的話，這些長靴應該已能夠應付旅程的需要，這方面可預早

向旅行團營辦商查詢。

防水褲是必須的，也要穿上羽絨長褲保暖，而褲管必須放入防水長靴之內。

減輕暈船浪的方法

(1) 藥物：在起行前，安排適合自己的暈浪藥物（以醫生的建議為佳），以便在需要時服用；

(2) 充足水份：確保身體有充足水份，要飲足夠的水，如果有口渴的感覺，趕緊去喝一、兩杯水，補充水份；

(3) 避免飲用含酒精的飲品；

(4) 不要吃得太飽，按時進食；

(5) 分散注意力：找些事情做，例如在船上漫步；

(6) 吸新鮮的空氣：可以到船上甲板，欣賞美麗景色，順道也觀察野生動物；

(7) 在船上行走時，要握着扶手，特別是當船隻航行得較顛簸的時候；

(8) 如果仍然覺得不適，可嘗試閉着雙眼，平躺在床上休息；

(9) 如果仍然持續不適，便需要尋求船上醫護人員的協助。

船上的安全措施

(1) 上船後，必須要留意工作人員為大家準備的船上救生演習，了解逃生路線及相應安排；

(2) 細心了解救生衣的穿着方法，因為在旅程中經常需要使用救生衣，熟悉使用它的方法是必須的；

(3) 船上的部份區域是禁區，例如：直升機倉庫、機房等，千萬要遵守規則，不可闖進這些區域；

(4) 在船上行走時，盡量握着扶手，以防止船隻顛簸引致意外。

相機：α 7RIII，鏡頭：SEL2470GM，
光圈：F11，快門：1/80 秒，ISO：50

除了魔鬼海峽外，南極洲區域內的風浪其實並不
太大，當參加者看着南極的美麗冰海，相信暈船
浪的感覺也會大大減低吧！

相機：α 7RIII，鏡頭：SEL1635GM，光圈：F16，快門：1/200 秒，ISO：320
一片片的浮冰伴隨着來自冰川的巨大冰山，這便是南極洲海域經常看到的景色。

第二章
北極霸王
——北極熊

北極霸王

海洋動物

在紀錄片中，大家總會看到北極熊（polar bear）
在陸上邁步的英姿，所以對很多人來說，北極熊理
所當然地應被界定為陸上動物。但原來牠的拉丁文
學名是「*Ursus maritimus*」，其中「*Ursus*」的意
思是熊，而「*maritimus*」的意思是海，所以牠的
真正學名其實是「海熊」，而牠亦被歸類為海洋哺
乳類動物，並不是陸上哺乳類動物呢！

如果單純看北極熊以四腳在陸上行走，確實難以理
解為何牠被界定為海洋動物。但原來北極熊的獵物
是以海洋生物為主，加上牠長時期在海冰上行走和
覓食，海冰下面便是茫茫大海，所以牠便歸屬於海
洋動物的範圍內了。

北極熊是最巨型的陸上掠食性動物，成年雄性北極
熊體重可達到 800 公斤，身長達 3 公尺，但實際
的體形大小以海冰的多少和質素來決定，因為海冰
直接影響到牠能捕獲獵物的數量，而雄性的體重大
約是雌性的兩倍。

當北極熊媽媽抱着一對可愛的兒女時，是多麼的溫柔，一點兇猛的感覺也沒有。
（圖片來源：陳祖權先生）

全球分佈

北極熊的活動範圍主要在北極圈內的五個國家或地區：阿拉斯加（美國）、加拿大、格陵蘭（丹麥自治區）、挪威和俄羅斯，當中主要生活在加拿大境內（約 60%）。但現在對北極熊的統計資料，其實只包括美加和北歐等地。而在幅員最遼闊的俄羅斯境內，卻已經很多年沒有作出統計了，所以在當地生活的北極熊數目和活動情況，現在是無從得知。

根據 2015 年國際自然保護聯盟的最新估計，北極熊的全球數目大約在 22,000 至 31,000 隻之間，現在處身於《國際自然保護聯盟瀕危物種紅色名錄》中的「瀕危」（Vulnerable）級別上，屬於名錄上的受威脅物種。而且預期在約 35 年（即北極熊經歷三代）後，牠的數目很可能會大幅下跌三成或以上。為了引起社會大眾關注氣候暖化和海冰的減少對北極熊生存的影響，每年的 2 月 27 日已經被訂為國際北極熊日（International Polar Bear Day）。

在北極熊數目最多的加拿大，有一個城市被稱為北極熊首都，以觀看北極熊聞名，它便是丘吉爾鎮（Churchill）。

地圖標示

丘吉爾鎮（Churchill）
https://goo.gl/maps/
uVxZ3o3YuwxVGFbe7

第二章 北極霸王——北極熊

弄兒為樂，北極熊媽媽當然深明箇中樂趣。
（圖片來源：陳祖權先生）

北極熊的可愛傳說

掩着黑色的鼻子

在北極圈原住民之間，流傳着一個口耳相傳的古老傳説，指出北極熊在狩獵時，會以白色的前掌將黑色的鼻子遮掩，然後才移近獵物。這樣的話，整隻北極熊看起來也是白色，在白皚皚的雪地上，獵物便再不會發現牠了。

這個傳説是真的嗎？其實試想一下，如果北極熊要以一隻前掌來遮掩鼻子的話，那麼牠便只能以三隻腳來走路，以牠這麼龐大的身軀，笨拙地用三隻腳來走路，不被獵物發現才怪呢，所以這傳説當然不是事實。

但北極熊確實是非常懂得隱藏行蹤的捕獵者，善於不動聲色地接近獵物，在牠發動最後一擊的時候，牠與獵物之間往往只是咫尺間的距離。北極熊這種在無聲無息間，便能移動到獵物身旁的本領，可能便是出現這個傳説的原因了。

北極熊都是左撇子

另一個傳説指出，北極熊一定是左撇子，因為牠捕獵時要以右掌遮掩鼻子，所以牠一定要用左掌捕獵的了。既然前面的第一個傳説已經不是事實，這個相關的傳説便更加不用説了。

第二章 北極霸王——北極熊

除了黑色的眼睛和鼻子，北極熊完全可以和白雪融為一體。
（圖片來源：陳祖權先生）

高度進化生物

你追我趕的基因進化爭論

根據 2010 年的遺傳基因的分析，北極熊是在約 15 萬年前由棕熊（又稱為「灰熊」）演化而來。

但在兩年後（2012 年），另一批科學家指出，2010 年的研究存在基本缺陷，因為它只分析基因內的粒線體基因體（mitochondrial genome），而這基因體只遺傳自母親，完全沒有考慮父親的基因。因此他們便以同時遺傳自父母的細胞核基因體（nuclear genome）作為分析對象，結果顯示北極熊應該是從 60 萬年前演化出來，跟棕熊有着共同的祖先。

其後又過了兩年（2014 年），又有一批科學家指出，2012 年的研究也不夠全面，應該以整個細胞的基因來作分析，所以應該同時分析粒線體基因體（即 2010 年的分析對象）和細胞核基因體（即 2012 年的分析對象），這樣才是真正全面。研究結果發現北極熊的演化期應該在 34 至 48 萬年前，並相信北極熊是從棕熊演化而來。

進化至適應極寒環境

縱使科學家們有不同的見解，但他們對北極熊與棕熊的近親關係並沒有甚麼質疑，畢竟北極熊與棕熊可以混合繁殖的這個事實，已清楚說明了一切。但北極熊為了應付極地內的嚴寒天氣，在生活習慣上已變得與棕熊有明顯的分別。而在身體構造方面，牠更加已高度進化至完全適應了北極圈的氣候和環境。更誇張的是，這個層次已經提升到科幻電影的級別（請參閱後文「超強進化──隱形能力」）。

北極熊媽媽抱着兩個寶貝孩子，一臉滿足的樣子。
（圖片來源：陳祖權先生）

在應對極地天氣和在海冰上的生活這兩方面，牠與在南極生活的皇帝企鵝相比，可以說是不相伯仲。分別的是皇帝企鵝是群居的動物，所以除在身體構造上作出進化以外，牠也會以互相合作的態度去應對惡劣氣候，可是北極熊卻是獨居的動物，應對嚴寒天氣，便只能單打獨鬥了。

167

獨居主義

除非正值繁殖和育兒的期間，否則北極熊通常都是獨自生活。

跟其他陸上的大型掠食性動物不同，北極熊並沒有地域概念，這是因為牠生活在海冰之上，會隨着海冰的漂浮、移動、擴大（在冬季時凝結）和縮小（在夏季時融化）而不斷作出遷移。

雖然牠們沒有地域概念，但這也不代表同類間可以融洽相處。北極熊在遷移的過程中，會以爪在腳步上留下氣味，令嗅覺敏銳的同類知道其存在，互相間保持距離，這樣便能減少同類為了獵物而發生衝突的機會。

但如果牠們所身處的地方食物豐富的話，牠們之間的距離卻又會縮短，而活動範圍甚至可能會互相重疊，例如當有鯨魚擱淺死亡的時間，大群的北極熊可能會一起分享該鯨魚的屍體，互相間也會容忍對方的存在。但如果食物較少的話，北極熊之間的距離卻又會自然拉闊。當秋季接近完結時，部份地區〔例如加拿大的哈德遜灣（Hudson Bay）〕的北極熊也會短暫在岸邊集結，靜待海冰的出現，以便出發到北方獵食。

地圖標示

哈德遜灣（Hudson Bay）
https://goo.gl/maps/
mrD6MkK2jgX9i3Y8A

春天到了，北極熊媽媽終於從育兒穴中探頭出來。
（圖片來源：陳祖權先生）

北極熊不是白色

北極熊的毛髮分為兩層，分別是表層的保護毛（guard hair）和底層的濃密毛（dense hair/ under fur）。

大家看到北極熊相片和視頻時，都清楚看到北極熊是白色的。可是原來在北極熊身上，「眼看為實」這句至理名言是不管用的，因為牠的毛髮竟然不是白色，而是完全透明，根本沒有顏色的。而更特別的是，牠的每一根毛髮都是空心的。

原來當陽光照射到北極熊的身上時，部份的陽光會在牠的透明毛髮之間繼續散射進去毛髮的底層，而其餘的陽光卻會被散射出來，這些散射出來的陽光便令到北極熊看起來像是白色一樣。這特別的構造令到北極熊間接地擁有了白色的保護色，使牠可以融入白茫茫的冰天雪地，看起來像是隱了身一般。

但在不同的情況下，北極熊的顏色也有些微差別。在太陽高照的情況下，強烈的陽光會令到北極熊看起來像是純白色一樣。而在陰天和陽光斜照的情況下，牠身上的白色會有微小的變化，看起來再沒有那麼純白，而是灰白一點。有些時候，北極熊看來又像是微黃色，這是因為在進食時，牠的毛髮沾上了海豹的油脂。又有些時候，北極熊身上會泛着綠色，這卻是因為天氣轉熱，在牠的毛髮間寄生了一些藻類。

北極熊在夏季時換毛，但跟其他生活在北極圈的哺乳類動物不同，牠並不會將身上的毛髮轉成與陸地顏色相似的棕色。生物學家指出，在這段期間，北極熊正處於斷食期，較少捕食，主要依靠身上的脂肪維生，所以根本沒有替換保護色的需要呢。

北極熊寶寶正從玩耍中學習，待牠們手腳靈動一點後，北極熊媽媽才會開展牠們北上的旅程呢！
（圖片來源：陳祖權先生）

黑色的北極熊

更奇妙的是，在透明的毛大衣下，北極熊的皮膚卻原來是黑色的。

如上文所述，北極熊的毛髮會將照到北極熊身上的部份陽光散射出來，這些散射出來的光線完全掩蓋了牠的真實膚色，令我們誤以為北極熊是白色。

生物學家普遍相信黑色皮膚可以幫助北極熊吸收從毛髮間散射進來的陽光，這對保暖有幫助，減少牠體內熱量的消耗。科學家現正着力研究，期望將北極熊毛髮的光學原理應用於能源工業上，特別是太陽能行業。

但亦有些生物學家持相反意見，他們指出在北極圈內，最寒冷的時期是極夜的冬季，在這段期間，既然沒有陽光照射，那麼以黑色皮膚去吸收太陽光的説法便絕對是一個笑話。在沒有細想之下，這個説法看似很有道理，但想深一層，卻會發現它根本是站不住腳，因為它忽略了北極熊的捕食季節。

與我們人類剛好相反，北極熊最需要保存熱量的季節原來是夏季，雖然夏天較和暖，但對北極熊來說，食物（海豹）的供應卻最為貧乏。在這段期間，牠甚至可能被迫滯留在陸地上，面對斷食的困境，賴以維生的脂肪層也在不斷的消耗下減少和變薄。在這情況下，盡力保存體內的每一分熱量便變得非常重要。反過來說，在冬季的時候，食物供應非常充裕，身上的脂肪層不斷地增厚和得到補充，熱量的消耗反而不用太過擔心。

北極熊寶寶正在親親母親，透出暖暖的母子情。
（圖片來源：陳祖權先生）

173

全天候保暖

北極熊有厚厚的脂肪層，也有長長的毛髮，那麼牠到底是以脂肪層，還是以毛髮來保暖呢？

陸上保暖

由於北極熊以陸上生活為主，逗留在水中的時間較短，所以牠主要以毛髮來保暖。大家可以留意一下，當北極熊由海中返回陸上後，牠會立即像犬隻般不斷地轉動和搖擺身體，以便去掉毛髮間的水份。這動作顯示牠需要令毛髮間存有空氣，從而讓毛髮可產生保暖的作用，其原理便像大家在冬季時穿着羽絨衣一樣。如果北極熊是主要以脂肪層來作陸上保暖的話，牠身上的毛髮和在上岸後那個轉動和搖擺身體的動作便會變得沒甚麼意義了。

動物通常也是以深色的長毛去吸收陽光所發出的熱量，但北極熊透明的長毛在保暖作用上卻是更上一層樓，因為它可以像我們使用的保暖瓶般，將身體所發出的熱量反射回來，高效地防止自身的熱量流失，而另一方面，也可同時將陽光的熱量導入毛髮的底層。

此外，在夏季時，北極熊身上的脂肪層已消耗了很多，脂肪層能否提供足夠的保暖能力實在是一個疑問，在此情況下，毛髮的重要性便顯而易見了。

所以在陸上的時候，北極熊的主要保暖工具便是牠的毛髮了。

看看北極熊媽媽的樣子，牠像是覺得天氣還不夠冷的樣子，可是兩隻小熊卻已經趕緊依偎着母親取暖呢！
（圖片來源：陳祖權先生）

水中保暖

在水中的時候，保存在毛髮間的空氣都沒有了，毛髮在水中便再沒有多少保暖的作用。這時，北極熊便要依靠身上的脂肪層保暖了。

超強進化——隱形能力

大家還記得一套經典科幻電影《鐵血戰士》（*Predator*）[1] 嗎？電影中的外星人視力很差，要依賴夜視鏡（紅外線探視器）來觀察人類身體所散發出來的熱能，這樣才能找到人類，然後進行襲擊。這種熱能探測的方法看似完美，特別是在晚間光線不足的情況下，以夜視鏡去找出溫血動物，絕對是一個穩妥的方法。

誰知道生物學家發現在夜視鏡下，北極熊竟然像完全隱形一樣，為甚麼會這樣呢？難道北極熊是涼血的動物嗎？北極熊當然是溫血的動物，但原來牠身上毛皮已進化到一個神乎其技的地步。

北極熊身體所散發出來的熱量，原來完全被毛髮所困着，沒有絲毫流失，所以北極熊外層毛髮的表面溫度竟然與周圍環境的溫度沒有分別。這令到我們以夜視鏡來探察北極熊的時候，發現它根本無法將北極熊的身體從環境中勾劃出來。夜視鏡所能做到的便只是可以探測到北極熊那沒有被毛髮遮掩的雙眼和鼻子罷了。

受北極熊的透明毛髮保暖能力所啟發，學術界已開展了新一代人造保暖纖維的研究，期望可以在極寒的氣溫下，發揮高效的保暖作用。

註 1：內地的片名是《鐵血戰士》，台灣的片名是《終極戰士》。

看看北極熊寶寶的可愛表情，牠好像正在說：「大家好嗎？」
（圖片來源：陳祖權先生）

適應極地的其他身體結構

嗅覺

北極熊的嗅覺非常敏銳，甚至比犬隻還靈敏得多，這使牠可以嗅到置身於超過一公里外和在一公尺雪層下的海豹寶寶，也可以輕易地嗅到其他獵物和同類。

眼簾 （俗稱「眼皮」）

大家也知道，人類有兩塊眼簾，分別是上眼簾和下眼簾，但同樣是哺乳類動物的北極熊卻有三塊眼簾，牠的上眼簾和下眼簾跟人類的類似，而第三塊眼簾是一塊透明和可眨動的薄膜，對北極熊來說，它有很大的功用。在水中，它便像護目鏡一樣，令到北極熊可以在水中看東西。另一方面，它也可保護北極熊的眼睛，以免極地強烈的紫外線傷害視網膜，不會引致雪盲症和受到大風雪的傷害。

其他生物也有類似的第三眼簾，例如鳥類、海豹等。

巨靈之掌

如前文所提及，在寒冷的地方，北極熊在雪地和冰塊上行走，以牠龐大的身軀，必須要巨大的腳掌才能夠平均地支撐牠的重量。

體形碩大無朋

跟皇帝企鵝一樣，北極熊的表面面積相對體積的比率較低，令牠可以在寒冷的地方減少熱量的流失。

北極熊寶寶像是在說：「媽媽，我要騎牛牛。」
北極熊媽媽臉上充滿無奈地說：「寶寶，跟你說了多少遍，我們是北極熊，不是牛呀！」
（圖片來源：陳祖權先生）

終極殺手

北極熊是北極圈內食物鏈上最頂層的動物，堪稱終極殺手，巨大的體形加上強大的攻擊力，絕對是北極圈的王者。

北極熊與殺人鯨

曾有報道指出在北冰洋出沒的殺人鯨會捕食北極熊，但直至現在還沒有確實的證據，而且以習性來說，殺人鯨只會捕獵牠們慣常的獵物，以北極熊的數目和分佈來看，北極熊絕對不可能成為其慣常獵物，所以殺人鯨會捕殺北極熊這個傳聞的可信性甚低。那麼倒過來說，北極熊會否襲擊殺人鯨呢？當然不會，喜好獨居的北極熊絕對沒有能力對付習慣群居的殺人鯨。

獵物

北極熊以脂肪豐富的海豹為主要食糧，當中以環斑海豹（ringed seal）和髯海豹（bearded seal）為主，而在部份地區，牠的獵物也包括豎琴海豹（harp seal）。這些不同種類的海豹在其生命週期的不同階段，會生活在海冰之上，北極熊便會盡力把握這些機會去捕獵牠們，例如：環斑海豹寶寶會被其母親安置於海冰上的育兒雪洞內；成年的髯海豹喜歡在浮冰上休息；豎琴海豹寶寶會躺臥在海冰上發育長大等。另一方面，北極熊也會在海冰上的呼吸洞旁，不動聲色地靜候白鯨或海豹浮上水面換氣的一刻，然後立即噬着其頭部，再將其拖出水面獵殺。

雖然身為終極殺手，但北極熊的捕獵成功率其實不高，大約只有10%，所以如果遇到了動物的屍體時（例如：擱淺的鯨魚），牠當然不會放過這些唾手可得的美食。

縱使北極熊堪稱北極霸王，但也不是毫無敵手，當面對比牠體形更巨大的成年海象時，北極熊便完全束手無策，況且海象擁有的那一對尖銳的獠牙，更加是北極熊不想面對的利器。但如果北極熊太飢餓的時候，牠也會嘗試攻擊已受傷或未成年的海象。

在夏天，因為海冰融化消失，北極熊會滯留在南方的土地上。亦由於缺乏海冰，牠難以捕捉到海豹充飢。消耗體內自冬季積存下來的脂肪便成為牠維持生命的方法，這段時期被稱為斷食期（fasting）。而為了減省能量的消耗，在每天接近九成的時間內，牠都是懶洋洋地靜着不動。這時，如果牠在陸上找到雀巢，也會吃吃鳥蛋和雛鳥。有機會時，牠也會捕獵馴鹿等，但這些都只是為了生存的權宜之計。

除了動物以外，北極熊也會吃一些植物，例如草莓，以便補充缺少的礦物質和維他命。

北極熊寶寶也喜歡打打鬧鬧，貪玩的性格跟人類的孩子並沒兩樣。
（圖片來源：陳祖權先生）

北極熊吃肉？可免則免！

偏愛吃脂肪

北極熊喜好進食獵物的脂肪，因為牠的消化系統對消化脂肪非常有效率，據研究顯示，牠能夠將所進食脂肪中的 97% 轉化成自身的脂肪，損耗率只有 3%，效率驚人。這種對脂肪的消化能力對牠在極地中生活實在非常重要。

吃肉後遺症

如果牠轉為進食肉類的話，轉化率卻只有 84%，效率大減，而且更加會出現意想不到的後遺症──飲水。

對人類來説，飲水是一個理所當然的事情，但對北極熊來説，這卻是可免則免。因為動物（包括人類）在消化肉類的過程中，需要除去當中蛋白質內的氮化物（nitrogen），所以便要飲用大量水，然後以尿液的形式將這些氮化物排出體外。

但在北極圈，飲水卻是一個天大的難題，在白茫茫的雪地上，哪裏可以找到淡水喝？

第二章 北極霸王——北極熊

這刻，北極熊母子們目光一致，難到牠們看到了獵物？
（圖片來源：陳祖權先生）

北極圈內無水可喝

無淡水可喝

在寒冷的北極圈內，溫度低過攝氏零度，水都結成冰雪，所以並沒有淡水可供飲用。如果要喝水的話，便只能以吃冰和吃雪的方法來解決了。

海冰鹽份高

吃冰這行為對北極熊來說其實不太理想，因為在北極圈內，冰塊大部份也是海冰，海冰內的鹽份很高，並不適宜食用。

冰雪又太冷

如果北極熊選擇吃雪或吃來自冰川的冰塊（因為它們是從淡水凝結而成）的話，另一個問題卻又來了，因為吃雪或冰都會消耗熱量。對北極熊來說，當然是盡可能避免之，結果北極熊便採用了一個讓人意想不到的方法——不吃雪、不吃冰，甚至不喝水。

牠竟然以斷水的方式來生活在世上。

大家知道為甚麼有些時候，北極熊的毛皮看似是黃色，有些時候，又似是白色嗎？
（圖片來源：陳祖權先生）

完美進化──不吃肉、不喝水

如上文所説，吃肉（蛋白質）會引致多喝水。而在北極圈內卻沒水可喝，所以解決的方法便是盡可能不吃肉、不喝水了。

面對這個看似是無法解決的難題，北極熊的身體卻完美地將之拆解，因為北極熊除了毛髮極度進化外，牠的消化系統也一樣是極度進化。

北極熊的身體原來可以從海豹的脂肪中分解出水份來，這樣便令到牠沒有喝水的需要了。換句話說，獵物身上脂肪不單是北極熊的食物，也是牠的水源。在吃脂肪的時候，北極熊其實也間接地喝了水。

基於這種完美進化，北極熊在捕獲獵物後，會首先盡情享用獵物的脂肪，除非牠太飢餓，否則在吃完脂肪層後，牠便會放棄獵物的其餘部份（肉），再去尋找其他獵物。換句話說，北極熊是實行不喝水，不吃肉的飲食模式。

共生關係

大自然不會浪費一分一毫、一點一滴。其他生物像北極狐、海鷗等了解到北極熊這種飲食習慣，所以便會追蹤北極熊，留意牠的一舉一動，當發現北極熊放棄獵物的肉而離去後，便會到來撿便宜，享用這些北極熊留下來的免費大餐。

所以在北極熊的身後，人們很多時都會看到北極狐的蹤影。

不要以為北極熊寶寶想要吃冰棒解渴，其實北極熊並不需要喝水呢，牠只是貪玩而已！
（圖片來源：陳祖權先生）

完美進化
——懷孕？自己決定！

單親媽媽

雄性北極熊通常在4、5月開始尋覓對象，牠會以其超強的嗅覺去找尋雌性，這段追追逐逐的期間可以短至數日，也可能超過一個星期，這是對雄性北極熊體能上的初步考驗。在這時候，正在養育小熊的北極熊媽媽會盡力避開雄性，避免小熊受到雄性的襲擊。但由於北極熊的成長期極長，北極熊媽媽通常要陪伴小熊兩年半至三年的時間，所以想要繁殖的雌性（即有生育能力，但沒有帶着小熊）在數量上會較雄性少得多。在男多女少的情況下，雄性間的激烈打鬥、噬咬和厮殺實在是無可避免。優勝劣敗，勝出的雄性便會得到雌性的青睞和將自身基因延續下去的機會。

北極熊是獨居的動物，所以雄性北極熊只會在成功追求雌性之後，才會跟雌性一起生活一段時間。這段甜蜜時期通常只是短短的一個多星期，之後牠倆便會分道揚鑣，再不相見。換句話說，養育下一代的責任便完完全全由雌性北極熊承擔。所以終其一生，小熊只會見到其媽媽，而不會看到其爸爸了。

自主懷孕

北極熊準媽媽在冬季分娩，所以牠必須放棄冬季的捕獵期。因此牠會加把勁，期望在冬季來臨前可捕食到充足的獵物，以便可在體內儲存大量脂肪。這時，北極熊準媽媽的體重通常會增加超過一倍。但如果北極熊準媽媽找不到足夠的食物，儲存不到大量脂肪的話，北極熊準媽媽便要

只有在食物充足的情況下，北極熊媽媽才會決定懷孕，否則便會主動放棄，所以每一隻北極熊寶寶也是幸運兒。
（圖片來源：陳祖權先生）

面對現實了。

雌性北極熊的生育系統已進化到另一個層次，令北極熊準媽媽可以自行決定是否放棄懷孕。只要牠不進入育兒穴，體內的受精卵便也不會附在子宮壁上繼續成長[1]，反而會被自身所吸收而消失。換句話說，牠有能力自行選擇是否放棄懷孕[2]。

至於準備充足的北極熊準媽媽會在 10 月踏入育兒穴（maternity den），開始正式懷孕。

北極熊的生育量很低，通常每次只生兩隻，是熊類中生育量最低的。

註 1：這現象稱為「胚胎滯育」（embryonic diapause / delaying embryo implantation）。
註 2：部份其他種類的熊也有此能力。

北極熊需要冬眠？不！

「很多居住在寒冷地區的熊都會冬眠（hibernation），例如北極熊的近親棕熊等。在冬季來臨前，那些需要冬眠的熊都會大量覓食，以便在身體儲存大量的脂肪過冬。牠們最佳的覓食季節通常是夏季和秋季。」

以上描述是動物紀錄片中關於熊類的慣常說法，但這其實是將事情簡化了，而且多少也有一些誤導成份。對很多生物學家來說，在冬季時，熊類其實並沒有冬眠，牠只是進入了一個類似冬眠的昏睡狀態（carnivore lethargy）。

熊是在昏睡，卻不是冬眠

在昏睡狀態下，熊的體溫只會輕微下降約攝氏數度，而冬眠動物〔例如土撥鼠（groundhog）等〕卻會將體溫大幅下降至與環境溫度相若的水平，兩者在這方面有明顯的分別，而基於這種特點，昏睡動物便會較冬眠動物更容易清醒過來。另一方面，在昏睡期內，熊會進入了深層睡眠狀態，不需吃喝和排洩，直到春天再臨，昏睡期完結時，才會醒過來。很多冬眠動物卻會在冬眠期內醒過來，吃點東西，清潔一下身體，然後再去睡，之後不斷重複上述行為。在冬眠和昏睡的期間，新陳代謝也一樣會大幅減慢，但減慢的幅度以冬眠動物較大。

北極熊不用冬眠，也不用昏睡

因為北極熊在冰天雪地的世界裏生活，已經適應了嚴寒的生活環境，所以縱使身為熊類的一分子，但對大多數北極熊來說，卻並沒有昏睡的需要，牠可以全年繼續活動。而且冬季天氣寒冷，海面出現的浮冰可以作為捕獵海豹的理想場地。成年的雄性、未懷孕的雌性和正在成長的小熊

悄悄的跟你説：「我不會冬眠，這一生也不需要昏睡，因為我是雄性呀！」
（圖片來源：陳祖權先生）

等都不會錯過這段捕食海豹的良機，昏睡對牠們來説，絕對是沒需要，甚至可以説是浪費時間、浪費食物的愚蠢行為。

在北極熊之中，實際只有待產中的北極熊需要進入昏睡狀態，所以大家不要再説北極熊需要冬眠了。

百年育嬰室

北極熊準媽媽會在約 10 月底到 12 月初的期間尋找適合的地點待產，據生物學家指出，牠們會挖洞（雪洞或泥洞）去打造牠自己的育兒穴，準備生育小熊。

筆者曾跟當地的原住民閒談，獲悉原來北極熊準媽媽會回到牠的出生地生產，更經常會利用自己或從前其他北極熊所使用過的育兒穴，因為這樣牠便可以省點挖洞的力氣，從而減少體內脂肪的消耗，對哺育小熊的效果較佳。據原住民指出，這些經常重複使用的育兒穴年代久遠，有些甚至已有超過 100 年的歷史，當然這些歷史悠久的育兒穴不會是雪洞，而是泥洞呢。

北極熊準媽媽通常會在育兒穴昏睡約四個多月，在這段期間不吃不喝，也不排洩，身體機能減慢至較低水平。北極熊寶寶通常在 12 月至翌年 1 月之間出生。寶寶出生時，身上的毛和脂肪都很少，這時寶寶並沒有保暖能力，要靜待身上長出長長的厚毛，所以在這段期間，牠要待在育兒穴內。熊奶的營養非常豐富，脂肪含量極高，超過 30% 都是脂肪，小熊便是依靠這些高脂熊奶快速成長。大約一個月大時，小熊的眼睛才會張開，在兩個月大時，牠們才會行走。北極熊媽媽和小熊通常會在 3 月至 4 月踏出育兒穴，這時小熊才算真正看到這個世界。

斷食八個月

踏出育兒穴後，北極熊媽媽會在穴外陪伴小熊大約兩個星期，待小熊在活動上較靈活的時候，媽媽才會帶着小熊北上，尋覓牠們的獵物。其實自北極熊媽媽在去年 10 月進入育兒穴後，已經約七、八個月沒有進食，再加上不斷給孩子哺乳，體內的脂肪消耗掉大半，所以必須要盡快捕捉獵物充飢。而在捕獵的過程中，媽媽也會開始教導小熊各式各樣的捕獵技巧。

從此，媽媽會帶着小熊生活，也會像其他的北極熊般隨着海冰的變化而作出季節性遷徙。另一方面，熊媽媽會小心翼翼，盡量避開沿途附近的雄性北極熊，以免小熊的生命受到威脅。

直至小熊成長到約兩歲半，媽媽便會驅趕孩子離開，讓牠們去開展自己的獨立生活。

當北極熊獨立成長到約五歲，便開始踏入成年期，然後便會像牠們父母以往一般，開始尋覓伴侶繁衍下一代。

「相心」閱讀

前文提及皇帝企鵝媽媽和爸爸為了養兒育女，可以分別斷食兩個月和四個月，牠們表現出來的父愛母愛已經非常澎湃。至於北極熊媽媽，為了子女竟然更進一步地斷食八個月，牠的母愛更是讓人為之汗顏。

第二章 北極霸王——北極熊

北極熊寶寶已經約三個月大，但在體形上跟媽媽仍有很大的距離。
（圖片來源：陳祖耀先生）

短跑高手

不要以為北極熊的體形龐大，活動的速度便一定緩慢，其實身為頂級捕獵者，牠的短跑速度哪會有慢的道理？實際上，牠竟然能跑得跟馬匹一樣快。難怪牠在餓極的情況下，會嘗試捕獵馴鹿（reindeer）等陸上動物呢。

但高超的短跑能力並不代表北極熊喜歡追逐獵物，對牠來說，追逐是一種太花力氣的捕獵方法，那會消耗太多能量，所以牠較喜歡在海豹的呼吸洞旁，靜靜地等待海豹從海中冒出頭來的那一刻，從而進行伏擊。

另一方面，急速的短跑也可能令到北極熊的身體出現過熱的情況，這是足以危及其生命的難題。對牠來說，短跑只能偶一為之，多數的情況下當然是盡量避免。大家試想想，如果一位短跑運動員在穿着羽絨的情況下進行比賽，而賽後更不容許他將羽絨脫掉，他不會中暑才怪呢！

所以在紀錄片中，大家經常會看到北極熊像是懶洋洋的，只管悠然自得地在冰上漫步。但誰知道牠是有苦自己知，牠其實要盡可能慢下來，才可以防止身體過熱。當然從另一個角度來看，慢動作也能令獵物更難察覺到牠的存在，對捕獵更為有利。

難道在氣候暖化的環境下，北極熊只能無奈地面對生命中的夕陽嗎？
（圖片來源：陳祖權先生）

長途泳健兒

北極熊是游泳高手，但這並不代表牠有超卓的水中捕獵技巧，畢竟以海豹（牠的獵物）的擅泳程度來跟牠比較，北極熊可說是望塵莫及，換句話說，北極熊在水中是難以捕捉到獵物的。

北極熊的游泳能力很大程度是受助於牠身上厚厚的脂肪層，這層脂肪約 11 厘米厚（約 4.5 英寸），對北極熊的浮水能力有極大的幫助。北極熊的游泳姿勢與犬隻相若，也是以兩隻前腳去作划水，以便在水中推進身體，同時以兩隻後腿作為舵去改變方向。

縱使北極熊的游泳速度並不很快，但牠作為長途泳高手這個事實卻是不容置疑。每年夏季，當海冰在融化縮小的時候，牠便需要進行長途泳，以便可以游到鄰近的陸地或其他海冰上，游泳的距離可以達至幾百公里，而耗時也可能需要數天。但這種長途泳其實並不會是大家所希望看到的，因為這代表了海冰的消融，捕食海豹機會的消失，及繁殖地點的遠離等，一切只會對北極熊的生存和繁殖構成嚴重打擊。

寶寶溺斃

並不是所有北極熊也善於游泳，幼小的北極熊身上脂肪較少，水中的保暖能力較差，浮力也並不足夠，故此幼年的北極熊並不適合游泳。而亦基於這個原因，在每年遷徙的過程中，北極熊媽媽會盡量確保北極熊寶寶不需要游泳，以免寶寶難以應付而最終溺斃。

生存環境越來越惡劣,還有多少北極熊寶寶可以看到明媚的春天呢?
(圖片來源:陳祖權先生)

避免稱呼原住民為
——「愛斯基摩人」

在北極圈地帶內，當我們見到原住民時，請務必避免以「愛斯基摩人」（Eskimo）來稱呼對方。因為「愛斯基摩人」這個稱呼被認為含有貶意，有種族歧視的成份。事實上，原住民從來不會這樣自稱，而是從前外來人對原住民的稱呼，它的實際意思是指「茹毛飲血的人」。

現在，人們普遍會以「因紐特人」（Inuit）或「尤皮克人」（Yupik）來稱呼他們，視乎其祖先和原住地區而定。

尤皮克人泛指居住在俄羅斯西伯利亞、白令海峽兩岸和阿拉斯加的原住民，他們過往被稱為「西部愛斯基摩人」。

因紐特人泛指居住在加拿大和格陵蘭島的原住民，他們過往被稱為「東部愛斯基摩人」。

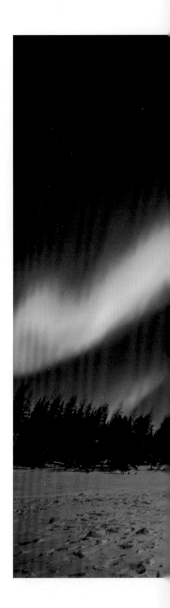

相機：α9，鏡頭：SEL1635GM，光圈：F2.8，快門：15秒，ISO：250

附圖是因紐特人的冰屋，其實大多數原住民已遷居到政府提供的木製房屋，已經很少人懂得建造冰屋了。

（拍攝於加拿大丘吉爾鎮）

觀看北極熊的方式

北極熊是全球最巨型的陸上掠食性猛獸，觀看牠的時候，當然要採取安全至上的方式。

當中以遠距離的方式，以望遠鏡或長焦距相機來觀看北極熊，是最安全的方式，同時也不會妨礙北極熊生活。

有一些旅行社會安排車身較高的越野車（tundra buggy），讓旅客以居高臨下的方式近距離觀看北極熊，這些越野車的車身極高，縱使北極熊站起來，也沒可能觸碰到旅客，非常安全。但筆者覺得觀看野生動物，最好還是以非接觸式的方法，看到北極熊拍打越野車的景象，筆者對這種觀察方式實在不太感興趣。對於其他近距離及有風險的觀看方式，筆者也不建議，因為對觀看者和北極熊都不好。

有一些地區會以橡皮艇乘載旅客，讓旅客在海上遠距離觀看陸上或海冰上的北極熊。因為北極熊的身體構造令到牠們對在海上追擊獵物沒有把握，興趣也不大，所以這方式的安全性亦頗高。另外，也有一種是在強化船的甲板上，以高角度看北極熊的行程。

筆者今次是到加拿大的丘吉爾鎮以遠距離的方式觀看北極熊，在筆者與當地人士閒聊時，獲告知原來丘吉爾鎮附近的北極熊數量，在過去十數年，有不斷下降的趨勢，情況實在令人擔憂。而到丘吉爾鎮附近產子的雌性北極熊，其數量的下降速度更快，很多雌性北極熊過去所使用的育兒穴已再看不到北極熊的蹤影，這些世世代代遺留下來的育兒穴現在已到了十室九空的地步。

究竟是甚麼原因呢？如果北極熊準媽媽捕捉不到足夠的獵物，身上的脂肪層不夠多，牠便會放棄懷孕，也不會回來育兒穴。另一方面，海冰消融得太快，北極熊準媽媽也游不了這麼長的距離，回不來了。還是還有其他的原因呢？

明顯地，有一些事情正在自然界內發生，問題是人類要到何時才會醒覺？還是縱使已知道問題出現了，但卻還選擇繼續閉起雙眼，裝作甚麼也沒看到？

北極熊危機

氣候暖化

北極熊縱橫北冰洋，毫無敵手，但在過去數十年，牠們的數量卻正在不斷減少，原因是繁殖地減少、海冰減少和獵物減少。歸根究底，這是氣候暖化，引致冰雪融解和減少的結果。

（1）繁殖地減少：適合被挖成育兒穴的雪地減少；

（2）海冰減少：引致北極熊要作更費力氣的長途泳，才能回到岸上或育兒穴；而滯留在陸地上的時間更長，斷食的時間亦會更長，對北極熊的生命構成危險；

（3）獵物減少：海冰減少引致海豹的繁殖地減少，海豹的數量因而減少。

隨着氣候轉變，棕熊和北極熊的接觸機會多了，生物學家已經在野外發現了牠們的混血子女。大家不要奇怪牠們為甚麼能夠生下混血的下一代，因為正如前文所提及，北極熊其實是從棕熊演化而來。

現在有部份學者，甚至政界人士指出，所謂「氣候轉變」是騙局，其實這是否騙局？只要看看地球上所發生的氣候異象，便已經可以否定了這無稽的說法。期望人們能夠拋開短暫的經濟利益，以長遠的眼光去解決這個已迫在眉睫的問題，以免當事情繼續惡化至無可挽救的地步時，才追悔莫及。

筆者今趟到加拿大的丘吉爾鎮，期望可觀察到北極熊母子從育兒穴破雪而出的一刹那，也可看到其後母子間的互動，為牠們的行為作出記錄，但可惜結果卻是鎩羽而歸。因為據當地原住民所說，今年只有寥寥數隻北極熊媽媽曾到來產子，與數年前相比，數目已是大幅減少。毫無疑問，北極熊正面臨在氣候暖化下，海冰和獵物相應減少的嚴重難題，牠們是否能持續繁衍下去，確是讓人憂慮。

捕獵北極熊

在北半球北部生活的原住民，過去長久以來都有捕獵北極熊的傳統。他們以傳統的方法去捕獵北極熊，然後以牠的皮毛去製作衣服，也會以牠的肉來作為食糧。在當時，北極熊的數量龐大，而傳統捕獵方法的成功效率也非常有限，對北極熊的生存並沒有構成重大威脅。

但在 16 世紀初至在 1973 年期間，武器和交通工具的不斷改良，引致北極熊曾經被過份捕獵。試想想，縱使北極熊非常兇猛，但面對着手持火力強大的步槍，也會駕駛飛機或電動雪橇的獵人時，怎麼可能會是其敵手呢？

終於在 1973 年，五個北歐及北美國家（前蘇聯、美國、加拿大、挪威和丹麥）共同簽訂了國際保育北極熊協議，基本上禁止針對北極熊的商業捕獵活動，有關北極熊的產品亦禁止進出口。

上述協議基於尊重原住民傳統，所以保留了原住民捕獵北極熊的權利。筆者曾與加拿大北極熊國家公園內的原住民傾談，得知現在約有三個北方原住民族群仍然持有捕獵北極熊的配額，每個族群每年約可獵殺 10 頭北極熊。筆者原以為這是加拿大全國合計的配額，誰知道原來這只是指安大略省（Ontario），而紐芬蘭與拉布拉多省（Newfoundland and Labrador）的配額是 6 頭；魁北克省（Quebec）的配額是 62 頭（看每年情況調整）。

在現在氣候暖化的環境下，隨着北極熊的生存條件日差，數量日漸減少，筆者衷心希望加拿大政府考慮與原住民商討，讓原住民更了解北極熊現在所面對的嚴峻境況，嘗試向他們購回這些捕獵配額，使北極熊可以有多一點生存機會、多一些喘息空間。

海豹爭奪戰

根據 2018 年報道，加拿大拉布拉多地區（Labrador）的原住民指出，該區的北極熊有所增長，而生物學家相信這跟捕獵豎琴海豹的行業不斷萎縮有關。

在過去的三十多年，隨着越來越多國家禁止進口豎琴海豹產品，對豎琴海豹的需求不斷下降，令到其數目得以逐步上升。同時，氣候暖化引致北極熊需要遷移到更南部的地區尋找食物，北極熊便將捕獵的目標海豹從北方的環斑海豹，轉為生活在較南方的豎琴海豹。生物學家相信這兩個因素的同時出現，促使拉布拉多地區的北極熊數目在同期有所增長。

難道保育豎琴海豹會是挽救北極熊的奇招？但誰又料到，豎琴海豹也正是自身難保（請參看後文「豎琴海豹危機」）。

地圖標示

拉布拉多地區（Labrador）
https://goo.gl/maps/
PNQf2NKyNA2duDUE6

海冰定生死

北極熊

我們看到的海冰好像沒有多少分別，但其實根據北極熊保育組織的研究分析，從牠們的特性和分佈來看，北半球的海冰大約可分為四種，而這四種海冰對北極熊的存亡，有莫大的關係，讓大家了解一下：

（1）季節性冰區 （Seasonal Ice）

在北極熊生活的最南部區域（即加拿大的東北部和格陵蘭的西南部），每年初夏的時候，海冰會全部融解，北極熊會滯留在這些區域的陸地上，回不了北面繼續獵食，這時牠便要依靠體內的脂肪來維持生命，這便是北極熊的斷食期（fasting）。直至秋天來臨，待溫度下降，海面又重新結冰，北極熊便會立即北上再次獵食。如果地球暖化引致融冰期（或稱為無冰期）不斷延長，北極熊便會在體內脂肪耗盡而又無法進行獵食的情況下餓死，在這區域內生活的北極熊，其生存最受到威脅，最讓人擔憂。

（2）北極盆地散冰區 （Polar Basin Divergent Ice）

在俄羅斯、挪威和阿拉斯加北部的沿岸，漂浮着大型冰塊。在夏季時，這些浮冰會融解縮小和遠離岸邊。因為地球暖化的關係，這些浮冰現在已經越縮越小，與岸邊的距離也越來越遠。在這個時候，居住於這些浮冰上的北極熊便只有兩個選擇。

選擇一：牠可以游到岸上，並且進行斷食，然後等待秋天重臨，沿岸再次結冰時，才重新回到海冰上覓食。

選擇二：牠可以進行長時間游泳，期望能游到其他還未融解的浮冰上繼續覓食。但這方法其實有其缺點，在遠離岸邊的深水區域，海水的養份較少，引致獵物遠較近岸區域為少，所以縱使牠能夠游到遠海區域的浮冰上，牠也可能因為獵物短缺而餓死。

在這區域內生活的北極熊，其生存受到很大威脅，因為區內的北極熊需要進行越來越長距離的游泳，斷食期也越來越長。

(3) 北極盆地聚冰區 (Polar Basin Convergent Ice)

在加拿大和格陵蘭的北部，沿岸的海面會結冰，而隨着海洋水流和風向，北極圈的部份浮冰也會漂浮到這裏沿岸。這些近岸區域，海水的養份豐富，獵物的數量也多，是北極熊的理想棲息地。但科學家預期在氣候暖化的情況下，這些區域的冰塊會在 75 年內消失，所以這裏不能成為北極熊的長遠樂土。

(4) 北方群島冰區 (Archipelago Ice)

在加拿大和格陵蘭的北部群島地帶，海冰在夏天也會存在，是北極熊的理想居住地，相信會是牠們的最後樂土。可是如果地球暖化持續，這片樂土最終也會失守，在那時候，北極熊便會絕種了。

明顯地，人類看到了在地球暖化的情況下，北極熊正在面對的厄運，卻只是抱着事不關己的態度而袖手旁觀罷了。但撫心自問，在北極熊遇難之後，人類的危難還會遠嗎？

人類

如前文提及，冰雪對陽光的反射能力達到 90%，所以冰雪能有效將陽光反射回太空，對減慢地球暖化有很大的幫助。但現在的情況卻是冰川不斷地融化、更多陸地外露出來，結果更多陽光被陸地所吸收。另一方面，海冰也越來越少，更多海洋再沒有被海冰所覆蓋，結果更多陽光也正在被海洋所吸收。這兩者都令到地球暖化的速度在不斷地加快。

根據科學家在南極洲鑽取 80 萬年冰芯而作出的研究分析指出，在過去 80 萬年裏，地球的氣溫與大氣中二氧化碳濃度存在着明顯直接的關係。但現在人為的溫室氣體排放仍處於高水平的情況下，部份國家卻已退出《巴黎協議》（Paris Agreement），無視溫室氣體排放對全球氣候的影響。長此下去，北極熊現時所遇到的厄運，人類的下一代無可避免地也會遇上。

第三章
海豹育嬰隊

——豎琴海豹

豎琴或馬鞍

名字的由來

成年豎琴海豹（harp seal）的背部有一個看似豎琴的黑色斑紋，牠便是因而得名，這個斑紋在部份雌性的身上並沒有那麼明顯。由於這個斑紋看起來也頗像馬鞍，所以牠也被稱為鞍紋海豹（saddle seal / saddleback seal）。豎琴海豹的拉丁文學名是「*Pagophilus groenlandicus*」，根據《海洋哺乳動物百科全書》（*Encyclopedia of Marine Mammals*）指出，這名字的意思是「來自格陵蘭的愛冰者」（Ice-lover from Greenland），由此可以清楚看到豎琴海豹喜愛冰雪的耐寒特牲。

全球分佈

豎琴海豹生活在大西洋的北部極地，根據 2019 年初的估計，大約有 940 萬頭，主要分為三個分佈地，分別為加拿大東北岸（約 740 萬頭）、格陵蘭（約 63 萬頭）和北歐的西北岸（約 140 萬頭）等地。根據國際自然保護聯盟指出，牠現在處身於《世界自然保護聯盟瀕危物種紅色名錄》中的「無危」（Least Concern）級別上，屬於名錄上的低風險物種。但不要以為豎琴海豹數目達到數百萬頭，牠的成功繁殖率便一定很高。其實豎琴海豹每年只生下一個寶寶，而且幼年海豹的死亡率極高，通常首年已達到 20% 至 30%。如果該年的海冰情況不理想，那麼在該區域的死亡率更可高達 50%，在最惡劣時，甚至會出現全軍覆沒的情況。

相機：α7RIII，鏡頭：SEL100400GM，光圈：F10，快門：1/1600 秒，ISO：500

成年的豎琴海豹

豎琴海豹

白毛海豹

豎琴海豹亦被稱為「白毛海豹」，因為牠在出世後的 12 天內，全身皮毛也是純白色。在這時，牠的樣子「萌爆」，讓任何看到牠的人也為之融化。

獵物

小海豹的食糧以磷蝦和甲殼類生物為主，但隨着其不斷成長，食物變得非常多元化，例如鱈魚、三文魚、魷魚、比目鯡魚、鯡魚（希靈魚）、磷蝦、海蝦和甲殼類生物等都是其獵食對象，種類超過一百種。

天敵

主要的陸上天敵是北極熊、北極狐和狼等，海上天敵則包括殺人鯨、鯊魚和海象等。

視頻顯示 **超萌的豎琴海豹寶寶**

Facebook

Youtube

相機：α 7RIII，鏡頭：SEL100400GM，光圈：F10，快門：1/800 秒，ISO：500
樣子惹人憐愛的豎琴海豹寶寶

體形

在成年時期，豎琴海豹的雄性與雌性體形相若，體長大約 160 厘米，
重量約 130 公斤。牠可潛泳達至水下 400 公尺，也能在水中閉氣達 16
分鐘，而壽命大約是 30 年。

不同的國家和組織訂定了不同的海豹關注日來提醒保育海豹的重要性，
當中主要是 3 月 1 日、3 月 15 日和 3 月 22 日。

繁殖

豎琴海豹在海冰邊緣或海冰較薄的位置繁殖，因為這會方便牠們挖出洞穴來作呼吸之用。

豎琴海豹在四至六歲時便可以開始繁殖下一代，在繁殖季節（3月中旬）時，牠們會首先密集地聚在一起，每平方公里可達至 2,000 頭，然後雄性便會施展渾身解數去吸引異性，手法包括發出叫聲、在水中呼氣泡、做手勢，甚至在冰上追逐雌性等。

豎琴海豹的父母在交配後便分開了，所以小海豹自少便沒有見過自己的父親。初生時，小海豹的身長約 80 厘米、體重約 10 公斤。

豎琴海豹寶寶會在翌年 2 月底至 3 月初期間才出生。在懷孕期中，海豹媽媽可控制受精卵在子宮內處於三至四個月的漂浮狀態，然後才開始附在子宮壁上發育，這方法稱為「胚胎滯育」（delayed implantation），目的是要確保海豹寶寶會在翌年 2 月底至 3 月初期間才出世，因為這時的海冰較厚和穩定。

相機：α 7RIII，鏡頭：SEL100400GM，光圈：F10，快門：1/1000 秒，ISO：500
豎琴海豹媽媽伴着海豹寶寶

極速分娩

豎琴海豹通常在每年的 2 月下旬分娩,而分娩速度非常快,只需時大約 15 秒,所以極難被觀察得到。筆者認識一位日籍海豹專家,他已觀察了豎琴海豹二十多年,也只能成功目睹一、兩次豎琴海豹的分娩過程。

當小海豹出生時,身上只有極少量的脂肪,大約只佔其體重的 3%,所以媽媽要立即給牠餵哺增重,以便牠可以盡快長出脂肪層保暖。

初生時的首三天,小海豹看起來像是黃色的,這是因為牠白色的皮毛沾上了黃色的羊水,這段時期的小海豹被稱為「黃衣」(Yellow Coat)期。

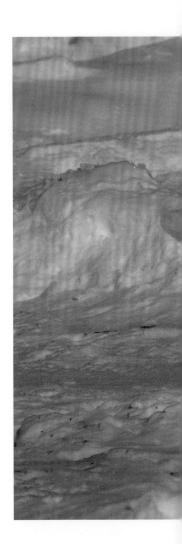

相機：α7RIII，鏡頭：SEL100400GM，光圈：F11，快門：1/1000 秒，ISO：100

在「黃衣」（Yellow Coat）期的豎琴海豹寶寶

超短哺乳期

豎琴海豹媽媽會持續給寶寶哺乳約 12 天，讓牠吃得胖胖的。在這麼短的時間內，小海豹的體重會由出生時約 10 公斤，極速地增加至約 36 公斤。這是因為海豹奶內有極高的脂肪含量（平均約 50%），讓海豹寶寶可以快快吸收，變成自己的脂肪層。

在這段期間，海豹媽媽大部份時間在不斷捕食，以便可以產生足夠的海豹奶供海豹寶寶飲用。但海豹媽媽經常會從呼吸洞探頭出來去找海豹寶寶，關心之情「溢於言表」。這時，海豹寶寶的視力並未發育完成，只能看到矇矇矓矓的影像，所以牠要爬到媽媽身旁，嗅嗅牠，才能確定牠是否媽媽。

當筆者看見海豹寶寶肥胖的身軀時，曾以為牠已快速長大成年，誰知道牠體內的器官原來還只是處於初步發育階段，還未完成基本發育。

在這短短的 12 天哺乳期完結後，海豹媽媽便會離開海豹寶寶。以我們人類的角度來看，這麼短的哺乳期是難以想像，但原來這並不是哺乳類動物中最短的哺乳期，另一種海豹——冠海豹（hooded seal）的哺乳期竟然只有短短的 4 天。話說回來，這麼短的哺乳期其實是有特別原因（請參看後文「環環相扣的生命週期」）。

在第 4 天至第 14 天，豎琴海豹寶寶身上的黃色褪去，變成純白色，這亦是海冰上的保護色。這段時期的海豹寶寶被稱為「白衣」（White Coat）期，亦是豎琴海豹寶寶外表最趣致的時期。

相機：α7RIII，鏡頭：SEL100400GM，光圈：F10，快門：1/1600 秒，ISO：500

在「白衣」（White Coat）期的豎琴海豹寶寶

223

相機：α 7RIII，鏡頭：SEL100400GM，光圈：F5.6，快門：1/1250 秒，ISO：100

豎琴海豹媽媽給寶寶哺乳

相機：α7RIII，鏡頭：SEL100400GM，光圈：F5.6，快門：1/2000 秒，ISO：100
當豎琴海豹媽媽正在哺乳時，警覺性很高，常常會四處張望。

斷食發育期

當豎琴海豹媽媽離小海豹而去後，小海豹還會不斷的叫喚媽媽，待數天後，發覺始終得不到媽媽的回應，才會變得沉默。

小海豹終於要開始獨立生活了，但這時牠一身胖胖的脂肪，浮力太大，根本沒法游泳，當然更談不上去尋找食物，所以牠會繼續靜靜地躺臥在海冰上，並進入被稱為斷食期（fasting）的非常時期。在往後的四週內，小海豹不單要依靠身上的脂肪來生活，更要依靠它來讓自己繼續發育成長。

當完成這階段的斷食發育後，小海豹身上的脂肪便已消耗了大半，甚至可達到其原來體重的 50%，而小海豹亦開始嘗試進入海裏覓食。

在這段斷食期間，依據小海豹身上的斑紋轉變，可分為三個階段：
（1）在大約第 13 天至第 18 天，小海豹身上的內層黑色斑點開始浮現，這段時期的小海豹被稱為「黑斑」（Tanner）期；
（2）在大約第 17 天至第 25 天，白色皮毛逐漸褪掉，幼年時期的黑斑點顯現，這段時期的小海豹被稱為「衣衫襤褸」（Ragged Jacket）期；
（3）在大約第 25 天至第一年（只斷食至約第 40 天），白色皮毛全部褪掉，呈現黑斑點的銀灰色皮毛顯現，這段時期的小海豹被稱為「拍子機」（Beater）期，因為牠剛開始學習游泳和潛水時，技巧還是很稚嫩，經常拍打到水面，發出「啪啪」的聲響。

可以看到在出生後的首六個星期內，豎琴海豹寶寶便要完成初步發育。這段成長期被壓縮得這麼短，其中一個原因是要盡量減低受到陸上天敵（例如北極熊等）襲擊的機會。

相機：α7RIII，鏡頭：SEL100400GM，光圈：F10，快門：1/1600 秒，ISO：500

這是「衣衫襤褸」（Ragged Jacket）期的豎琴海豹，白毛正逐步褪去，露出內裏的黑色斑紋。

豎琴海豹媽媽已離開小海豹而去，牠孤零零躺在冰上，不斷地叫喚母親。

幼年發育期及成年期

（1）在第二年開始的少年期，這段時期的少年海豹被稱為「海獸」（Bedlamer）期，這名字是源於法文「bête de la mer」，而新的皮毛會在第13至第14個月發展出來；

（2）當海豹終於進入成年階段，身上便會換上豎琴圖案的皮毛（儘管雌性身上的豎琴圖案未必清晰），這段時期的海豹被稱為「豎琴斑」（spotted harp）期。

相機：α7RIII，鏡頭：SEL100400GM，光圈：F11，快門：1/2000 秒，ISO：500

成年的豎琴海豹

環環相扣的生命週期

看完前文，大家可能都會覺得奇怪，為甚麼海豹媽媽僅僅養育了海豹寶寶 12 天後，便離牠而去呢？難道海豹媽媽沒有一分愛子之情嗎？事實上，大自然對生命週期的巧妙安排，決非我們單純地以人類的主觀角度便能領會。

成年海豹在 2 月至 5 月的活動

在海豹媽媽剛生下海豹寶寶後（約 2 月下旬），其實牠已經開始為翌年的分娩作出打算，因為原來海豹媽媽的懷孕期很長，達到 11.5 個月。所以如果牠翌年要生孩子的話，牠便只能騰出半個月的時間去餵哺海豹寶寶，這與牠的 12 天哺育時間基本上相若。換言之，海豹媽媽離開小海豹後（約 3 月上旬），便會立即到海裏尋找適合的異性交配。而這時，雄性海豹正在為每年 4、5 月間的換毛期而在附近海域聚集，所以亦是雌性跟雄性約會的大好機會。在全年的其他時間裏，豎琴海豹是分開在海裏生活，相遇的機會着實不多。

交配之後，雄性和雌性的海豹便會分開生活，並開始努力捕食，為翌年換毛（和交配）作出準備。在換毛期間（4、5 月），牠們都會躺臥在冰上褪去現有毛皮，這令到牠們在這期間較難覓食。

海豹寶寶在 2 月至 5 月的活動

另一方面，讓我們看回海豹寶寶。在 3 月上旬至 4 月上旬的這 4 個星期裏，海豹寶寶還躺臥在海冰上進行斷食發育（請參看前文「斷食發育期」），而成年海豹則在水裏不斷捕食。但當這些成年海豹在 4、5 月期間需要躺臥在冰上換毛時，便剛好是海豹寶寶開始跳進海裏覓食的時刻，所以泳術稚嫩的海豹寶寶在覓食時便不用跟換毛中的成年海豹競爭了。

大自然原來已將成年海豹和小海豹在發育、繁殖、換毛和覓食的時間，細緻地安排得妥妥當當、井井有條、環環相扣，若以天衣無縫來形容之，實在貼切不過。

海豹育嬰隊——豎琴海豹

相機：α7RIII，鏡頭：SEL100400GM，光圈：F11，快門：1/1000 秒，ISO：500

年幼的豎琴海豹寶寶視力不佳，對著在臉前晃動的影子總是一臉疑惑，可能牠在心想：「這是媽媽嗎？」

適應極地的其他身體結構

超強的視力

豎琴海豹擁有一雙特大的眼睛，眼睛內的視網膜細胞也特別適合在黑暗中看東西，令牠在黑暗的水裏仍可以看見東西。牠的眼淚能保護眼睛，免受海水的鹽份傷害。

嗅覺

豎琴海豹媽媽以嗅覺來辨認自己在海冰上的孩子，但在水裏，牠便會關閉鼻孔，嗅覺便無用武之地了。

聽覺

豎琴海豹在水中和陸上的聽力也良好，而當中以水中聽力較佳。

觸鬚

豎琴海豹能以臉上的觸鬚感應低頻振動，從而探測到獵物和天敵的動向。

樽形睡覺姿勢

豎琴海豹在海冰上和在海中也能睡覺，但在海上的時間較在冰上多得多。當牠在水中睡覺的時候，牠便像一個浮在海上的玻璃樽一樣，只有頭部露出水面以便呼吸。

相機：α7RIII，鏡頭：SEL100400GM，光圈：F10，快門：1/1000 秒，ISO：500

豎琴海豹媽媽以嗅覺來辨認自己的孩子，而不是用視覺或聽覺。

觀看豎琴海豹的旅程

由於豎琴海豹分佈於大西洋的北部地區，天氣嚴寒及人跡罕至，所以最佳的觀察地點是在其分佈地的最南部區域，亦即是加拿大的東北岸。

筆者今次到了加拿大魁北克省的馬德蘭群島（Les Îles de la Madeleine）觀看初生的豎琴海豹，但其實海豹的分娩地與海岸有一段頗長的距離，筆者需要乘搭約半小時的直升機才能到達。

首先，直升機師在看到海豹媽媽們的分娩地後，會在半空盤旋一會，尋找較為平整的冰面和確定沒有海豹在那裏活動，然後才會慢慢地在該處降落。這是因為海豹較少的地方代表那裏的海冰較厚，海豹不會花力氣在該處挖出呼吸洞，而厚厚的海冰也足以承托直升機的重量。當然，直升機的着陸點決不會是海冰的邊緣地帶，因為這處的海冰厚度並不足以承托直升機的重量呢。

降落後，工作人員會離開直升機，再實地查探海冰的厚度，當確定安全合適後，才會安排參加者陸續離開直升機。然後參加者便徒步行一段路程往觀察豎琴海豹寶寶了。

地圖標示

馬德蘭群島
（Les Îles de la Madeleine）
https://goo.gl/maps/
phVn96S8rFLmWvW4A

相機：α 7RIII，鏡頭：SEL100400GM，光圈：F5.6，快門：1/1600 秒，ISO：100
豎琴海豹寶寶已胖得像沒了頸項，活像一個白花花的饅頭。

馬德蘭群島在觀察豎琴海豹的活動中赫赫有名，筆者遇到了外地電視頻
道的工作人員，原來他們也正在當地進行拍攝工作，相信在不久的將
來，大家便會看到新一輯有關豎琴海豹的紀錄片了。

237

如何觀察海豹寶寶

我們觀察海豹寶寶的時候，要注意以下各點：

- 要小心在海豹寶寶的附近，一定會有海豹媽媽的呼吸洞，千萬不要掉了進去；
- 要穿上救生衣和有浮力的禦寒衣物（通常由營辦商提供，請向營辦商查詢），以便在不小心掉下水裏的時候，身體也不會下沉；
- 要以手杖查探一下前方冰面的厚度，在確定是堅實的厚冰後，才能繼續前行；
- 要聽從工作人員的指示，不要妄自前行或輕率地作出判斷，海冰的情況千變萬化，一定不能以在陸地上的行事角度去判斷海冰；
- 要在工作人員的視線範圍內活動；
- 如果有疑問，便要立即向工作人員查詢，尋求意見及許可；
- 要了解所有的動物也會害怕其他體形較大的生物，所以觀察海豹寶寶時，便要讓牠們鎮定，沒有戒心。較好的方法是俯伏下來，令視力不佳的海豹寶寶以為你體形細小，甚至以為你是同類；
- 要同時留意海豹媽媽的行為，千萬不能站在海豹寶寶與海豹媽媽之間，否則便會立即誘發海豹媽媽的母性，誤以為你想搶走或傷害海豹寶寶，而向你作出攻擊；
- 可看到海豹媽媽像其他動物一樣，對外來的物種有警覺性，這時你要尊重牠，跟牠保持一段距離，牠便會安心，也不會再理會你；
- 可慢慢地爬到或滾動到遠離呼吸洞的海豹寶寶身旁，爬行和滾動都是海豹的慣常動作，所以可令小海豹安心。如果你是步行接近海豹寶寶的話，你巨大的身影便會令牠自然地產生戒心，甚至害怕；
- 海豹媽媽只會在呼吸洞的附近活動，而且需要以嗅覺，而不是視覺來辨認自己的海豹寶寶，所以我們可以放心觀察那些遠離呼吸洞的

海豹寶寶，因為很大機會，牠已進入斷食發育期，而牠的媽媽也已離牠而去；

- 如果發現海豹媽媽想給海豹寶寶餵哺的話，便要後退，給牠們空間，一切以不干擾牠們為先；

- 最好是觀察吃完奶或正在睡覺的海豹寶寶，這便不會妨礙海豹媽媽餵哺海豹寶寶了；

- 千萬不要以為海豹是海洋動物，所以在陸上或海冰上會行動緩慢，其實成年海豹在陸上的爬行非常快速，如果牠對你懷有敵意，可以在 10 多公尺外，快速地爬到你身旁，甚至作出攻擊；

- 保持安靜。

相機：α 7RIII，鏡頭：SEL100400GM，光圈：F11，快門：1/1000 秒，ISO：100
豎琴海豹媽媽在呼吸洞探頭出來

豎琴海豹危機

氣候暖化

從前在冬季時，受到寒流的侵襲下，在北半球高緯度地區的海洋，會凝結出厚厚的海冰，有些生物便是依靠這些海冰覓食或繁殖下一代。

但受到地球氣候暖化的影響，大面積的海洋在冬季時，已經再沒有海冰出現。全球媒體不斷報道這現象對北極熊的影響，指出北極熊在海冰消失的情況下，面對食物短缺的困境，生存受到極大的威脅。但其實受到影響的又何止是北極熊呢？其他的物種，例如海豹等也明顯受到影響。

筆者在今次觀看初生的豎琴海豹時，曾跟日籍觀察海豹專家交談，發現在過去四年中，當中兩年（2016 及 2017）結冰的狀況並不理想，海冰較薄和不穩定，在凝結後沒多久，便已融解成小塊海冰。結果在該區域的豎琴海豹難以繁殖，而其寶寶的死亡率也極高。因為在海冰融化消失的時候，豎琴海豹寶寶在海冰上的成長發育期其實還未完結，可是卻已經掉下水中，有些甚至還未學懂游泳。而且這麼年幼的寶寶根本還未有能力保護自己，牠們不單會受到天敵的恣意攻擊，也會因為身上的脂肪不足而活活餓死或抵受不住低溫而凍死，而更悽慘的情況是，在海中被互相碰撞的小塊海冰所活活夾死。

捕獵豎琴海豹

從 16、17 世紀開始，豎琴海豹已開始遭到商業性捕獵，獵人的目標是牠的毛皮、油脂和肉。

相信大家在新聞報道和視頻上也曾看到捕殺豎琴海豹的殘忍方式，一隻隻無助的豎琴海豹寶寶在海冰上被亂棒擊殺，牠們的鮮血染滿了皚皚的冰雪，部份小海豹更在清醒的情況下被剝皮，情景令人不寒而慄。可能有人會問，為甚麼海豹獵人可以輕易對海豹作出攻擊，而海豹好像並不懂得逃走呢？原因很簡單，因為海豹獵人主要針對那些還正在發育階段，伏在冰上休息的小海豹。這時的小海豹對敵人還沒有多少概念，並不懂得作出反應，完全坐以待斃。牠們只能以一雙無助的大眼睛，茫然地望着獵人揮起木棒，然後朝着自己的頭顱予以痛擊。另一方面，獵人甚至會遮閉海豹的呼吸洞，這樣海豹便更加是無處可逃了。

為了回應各方（特別是保護動物權益組織）的指責，加拿大政府在 1987 年通過《海洋哺乳動物條例》（Marine Mammal Regulations），禁止捕獵仍是全身白毛的小豎琴海豹（即出世後約 12 天以內），而根據報道，現在通常被捕獵的小海豹約是 1 至 3.5 個月大。

過往陸續有國家禁止入口以豎琴海豹製造的產品（例如毛皮等），令捕獵數量不斷下降，豎琴海豹的數目亦得以回升。但靈活變通的商人開始轉移目標，期望將產品多元化，以便開拓市場，將產品大力推銷往亞洲地區。甚麼海狗丸和海豹油等便在廣告宣傳攻勢下，被吹捧為具神奇功效（或療效）的保健食品，但卻淡化了海豹身為食物鏈內的上層生物，

體內會積聚較多重金屬和有機污染物這些重要事實，當中有機污染物更加是以油溶性（lipophilic）居多。

另一方面，加拿大也繼續以豎琴海豹會吃掉大量鱈魚（cod），嚴重打擊國內捕魚業為藉口，繼續容許每年捕殺數十萬頭豎琴海豹的政策。其實生物學家早已指出鱈魚數目大減，原因是人類的濫捕，跟豎琴海豹並沒有多大關係，因為鱈魚實際上只佔豎琴海豹獵物中的很小部份。而且捕殺豎琴海豹的目的不是為了保護鱈魚數目，保護捕魚業嗎？但為甚麼在越來越多國家禁制豎琴海豹商品後，豎琴海豹的數目便得以回升呢？可見保護鱈魚只是一個表面的幌子罷了。

無需求便不會有捕獵，筆者在此呼籲大家不要再選購任何以豎琴海豹和海狗等製成的產品了。

相機：α7RIII，鏡頭：SEL100400GM，光圈：F5.6，快門：1/500 秒，ISO：100

豎琴海豹寶寶的迷人微笑

進化對抗不了暖化

如前文指出，皇帝企鵝、北極熊和豎琴海豹都是已經高度進化的生物，身體結構和生活方式都完全適應了極端氣候和嚴寒環境，牠們毫無疑問都是自然進化的勝利者。可是自然進化需要經過時間的歷練，進度緩慢，需時很長。但面對人類所造成的急促氣候暖化惡果，最強進化的生物也只能徒嘆奈何。

最近世界上出現越來越多的事例，指出各類海洋生物因應氣候暖化，而作出相應的行為變化，甚或已開始受到傷害。例如：

(1) 在 10 多年前，座頭鯨（humpback whale）開始在挪威的特羅姆瑟（Tromso）附近海域出現，生物學家指出這是由於北極圈內的海水變暖，令到更多生物可以游到更北方的海域，引致座頭鯨也跟蹤牠的獵物到此。而在以前，座頭鯨只會游到較南面的羅浮敦群島（Lofoten Islands）海域便不會繼續前行；

(2) 生物學家發現隨着氣候暖化，灰熊的活動範圍不斷向北方伸展，令到牠與北極熊相遇的機會大增，結果出現了被稱為「北極灰熊」 或「灰北極熊」的混種熊；

(3) 在南極半島（Antarctic Peninsula）內的部份海域，海冰的覆蓋面在過去的 30 年間下跌了六成，海冰的底層乃南極磷蝦吃冰藻的地方，海冰少了，冰藻便少了，然後磷蝦也少了，結果在食物減少下，在當地生活的阿德利企鵝（Adélie penguin）數量大減七成。磷蝦其實處於食物鏈接近最底層的位置，是整個海洋生態系統的極重要一環，很多海洋

生物和海鳥都依賴其生存。換句話説，氣候暖化正在破壞海洋的食物鏈。

而更嚴重的問題亦已揭開序幕，受氣候暖化影響，越來越多從前被冰雪覆蓋的永久凍土（permafrost）已暴露出來，隨着永久凍土的解凍，內裏被困着的古代碳化合物（主要是過往未完全腐爛分解的植物遺骸）[1]正以甲烷（methane）和二氧化碳（carbon dioxide）的形式回歸地面。眾所周知，這兩種氣體都是溫室氣體[2]，它們的出現無疑會將氣候暖化的情況不斷提速，而加速了的暖化又反過來增快永久凍土的外露和解凍，問題現正朝着失控的方向進發。更難以估計的是，從此休眠於永久凍土裏的古代病毒和細菌可能會重現大地，人類是否已準備好去面對呢？

其實各國的政治和經濟領袖也是時候停下來，想一想，是否應該放棄眼前的經濟利益，停止否認氣候暖化的明顯事實？否則當事情到了無法挽回的地步時，一切便已追悔莫及。

註 1：據科學家估計，全球的永久凍土內累積了一萬五千億噸的碳化合物，數量是地面碳化合物總量的兩倍。
註 2：甲烷對氣候暖化的威力是二氧化碳的十至二十倍。

塑膠污染

塑膠氾濫

對海洋生物的重大影響當然不單是來自氣候暖化，人類大量使用塑膠，其氾濫情況更是讓人不堪入目。只要留意一下在我們每天的生活中，使用了多少塑膠製品便可知一二：膠袋、膠叉、膠匙、膠飲管、膠水樽……等，琳瑯滿目，反映出人類使用塑膠的氾濫程度。

塑膠並不能自然分解，只能隨着時間破碎，最終變成微塑膠，繼續污染海洋、污染大地。

科學家已經在海魚的體內找到了殘留的微塑膠，當人類進食這些受微塑膠污染的海魚後，微塑膠便積存在體內，人類其實可説是自食惡果。更可怕的是，近年科學家有一個驚人發現，原來生活在海洋的浮游生物和磷蝦正在進食微塑膠（這裏並不是指牠們有能力消化或天然分解微塑膠）。換句話説，微塑膠已經進入了海洋食物鏈的底層，然後慢慢地沿着食物鏈，層層遞進地污染整個海洋生態。

是時候改變一下我們的生活習慣，減少一點對塑膠的依賴，尋求其他更環保和非一次性的代替品。另一方面，對塑膠垃圾也應該作出更妥善和有效的處理，只有這樣，地球的負擔才能輕一些，地球的生物（包括人類）才有機會可持續地生活下去。

近年，世界各地都發起了停用塑膠飲管的運動，如果大家堅持要使用飲管的話，不妨仿效南美洲的民眾，以自行攜帶的可清洗金屬飲管取代。

圖中是南美洲民眾使用的金屬飲管，扁闊的底部是可揭式濾隔，方便揭開清洗。

胡亂棄置

在新聞報道中，經常會出現野生雀鳥和海洋動物誤食塑膠而導致死亡的事件，例如豎琴海豹誤食塑膠垃圾；海龜誤當膠袋為水母；信天翁誤食膠樽蓋；雀鳥誤將橡膠圈當作蚯蚓餵給雛鳥等。其實都是因為這些塑膠的外形和色澤跟牠們的食物非常相似，牠們無法分辨。而這些例子也正顯示人類除了濫用塑膠以外，不當地處理或棄置塑膠垃圾更直接地污染了大自然，危害了動物的生命。

我們人類是否仍然這麼自私地以方便自己為原則，而罔顧我們的行為對大自然的傷害？我們是時候嘗試從其他生物的生活模式來思考問題，盡辦法保護牠們。地球並不是只屬於人類，其他的生物也有權利生存下去，而且人類自己也無可避免地會成為生態破壞的受害者。

回看在香港郊區生活的流浪牛，看到牠們在燒烤場內找食物，不斷地誤食市民棄置的膠袋等，試想一想，我們是否只關注自己遊玩時的方便，卻罔顧牠們誤吃塑膠物品的風險？去年在大嶼山貝澳生活的流浪牛 Billy 不幸死亡，經過漁護署（全名「漁農自然護理署」）解剖後，揭發在牠的胃內，竟然積存了達到兩個垃圾箱容量的膠袋，這亦引致牠腸道阻塞而亡。

我們是否想過應該將垃圾更妥善地棄置？是否想過將垃圾帶走才處理？在以人類慣常的思考模式看問題時，是否也應該以動物的角度看問題，從而避免悲劇的發生？

消失中的海鳥

根據生物學家的研究顯示，在 1960 年，約有 5% 的海鳥體內發現塑膠；到了 1980 年，比例已飆升至 80% 的水平；而到了 2015 年，比例再

上升到 90%。而在 1950 至 2010 年期間，全球海鳥的數目已大幅減少 67%。生物學家仍在探究其中是否有任何關連性，但有一些危害生態平衡的事情正在發生，當屬無容置疑。是塑膠污染？是其他污染？是人類在海洋的濫捕令海鳥缺少食物？無論如何，生態失衡已擺在眼前，難道我們仍然要視若無睹嗎？

後　記

古人常説：「讀萬卷書不如行萬里路」，筆者卻總是心想，如果可以「既讀萬卷書，又行萬里路」的話，便一定會更好了。當然這只是説笑，筆者身為城市上班族的一分子，又怎能騰出這麼多的公餘時間呢？所以句子中的那兩個「萬」字當然便要大幅向下修訂了。

筆者以生態攝影師的角度去觀察和拍攝三種經過超級進化，已完全適應嚴寒生活需要的極地動物：皇帝企鵝、北極熊和豎琴海豹。希望透過這本書，以有趣的角度來讓讀者對這三種可愛、可貴的極地動物有更深入、更全面的了解。

相比起近似題材的書籍，本書的取材是較少作者會觸及的，事實上，坊間的資料頗為零碎，有些更為了盡量簡化而流於失真。其實筆者在動身起行前，只搜集到很少量的資料，而且當中有很多資料又互相抵觸，部份更明顯出錯，讓人摸不着頭腦。例如有書本提及皇帝企鵝媽媽負責孵蛋，而實際上，孵蛋的重任是由皇帝企鵝爸爸擔當。又例如有些紀錄片説北極熊要冬眠，但卻原來根本是另一回事。所以筆者其後在隨團觀察時，便不時跟團內的工作人員、學者、專家，以至原住民等交談，以便可更真確地了解這三種動物的一切，而筆者對牠們的疑惑也因為經過親身印證，從而得以一一解開。另一方面，在觀察的過程中，也留意到牠

250

們一些較少人知曉的有趣事情。以上種種，都全部記錄在這本書內跟讀者分享。

進化敵不過暖化，是筆者觀察這三種極地動物後的感想，說來好像有多少欷歔，但每當想起，卻總是讓筆者心情沉重，難以釋懷。筆者希望讀者看過這本書後，凡事也加人一些環境保護和生態保育的考慮，大家也盡一分力，同心愛護我們這個唯一的家：地球。

www.cosmosbooks.com.hk

書　名	南極企鵝北極熊
作　者	黃莉娜
責任編輯	林苑鶯
美術編輯	郭志民
出　版	天地圖書有限公司
	香港黃竹坑道46號新興工業大廈11樓（總寫字樓）
	電話：2528 3671　傳真：2865 2609
	香港灣仔莊士敦道30號地庫／1樓（門市部）
	電話：2865 0708　傳真：2861 1541
印　刷	亨泰印刷有限公司
	柴灣利眾街27號德景工業大廈10字樓
	電話：2896 3687　傳真：2558 1902
發　行	香港聯合書刊物流有限公司
	香港新界大埔汀麗路36號中華商務印刷大廈3字樓
	電話：2150 2100　傳真：2407 3062
出版日期	2019年7月／初版
	2020年8月／第二版